"十三五"国家重点出版物出版规划项目

国家出版基金项目
NATIONAL PUBLICATION FOUNDATION

中国生态环境演变与评估

长株潭区域城市化及其
生态环境效应

董家华 李 远 林 奎 等 著

科学出版社
北京

内 容 简 介

本书以长株潭城市群和长沙市区为调查评价对象，重点调查评价了2000~2010年城市扩展过程及其生态环境效应，分析了城市生态系统的类型、格局、变化以及生态质量和环境质量状况及其变化，评估了长株潭城市群和长沙市区的资源环境效率，探讨面临的生态环境胁迫，并对生态环境效应及胁迫进行了综合分析、评价，进而分别针对长株潭城市群和长沙市区提出生态保护与管理对策建议。本书提出的理论和技术方法可供同类城市群、城市开展生态环境调查评估时参考使用。

本书适合生态学、环境科学、城市环境学城市管理和城市规划等专业的科研人员阅读，也可供高等院校相关专业师生参考。

图书在版编目(CIP)数据

长株潭区域城市化及其生态环境效应／董家华等著.—北京：科学出版社，2017.1

（中国生态环境演变与评估）

"十三五"国家重点出版物出版规划项目　国家出版基金项目

ISBN 978-7-03-050449-4

Ⅰ.①长…　Ⅱ.①董…　Ⅲ.①城市化–生态环境建设–研究–湖南
Ⅳ.①X321.264

中国版本图书馆 CIP 数据核字（2016）第 264475 号

责任编辑：李　敏　张　菊　杨逢渤／责任校对：张凤琴
责任印制：肖　兴／封面设计：黄华斌

科 学 出 版 社 出版

北京东黄城根北街 16 号
邮政编码：100717
http://www.sciencep.com

中国科学院印刷厂 印刷
科学出版社发行　各地新华书店经销

*

2017 年 1 月第　一　版　开本：787×1092　1/16
2017 年 1 月第一次印刷　印张：13 1/2
字数：350 000

定价：126.00 元
（如有印装质量问题，我社负责调换）

《中国生态环境演变与评估》编委会

主　编　欧阳志云　王　桥

成　员　(按汉语拼音排序)

邓红兵　董家华　傅伯杰　戈　峰

何国金　焦伟利　李　远　李伟峰

李叙勇　欧阳芳　欧阳志云　王　桥

王　维　王文杰　卫　伟　吴炳方

肖荣波　谢高地　严　岩　杨大勇

张全发　郑　华　周伟奇

《长株潭区域城市化及其生态环境效应》编委会

主　笔　董家华　李　远

成　员　（按汉语拼音排序）

　　　　董家华　房巧丽　李　远　李　宇

　　　　林　奎　陆　颖　彭晓春　宋巍巍

　　　　杨大勇　曾思远　周永杰

总　序

我国国土辽阔，地形复杂，生物多样性丰富，拥有森林、草地、湿地、荒漠、海洋、农田和城市等各类生态系统，为中华民族繁衍、华夏文明昌盛与传承提供了支撑。但长期的开发历史、巨大的人口压力和脆弱的生态环境条件，导致我国生态系统退化严重，生态服务功能下降，生态安全受到严重威胁。尤其 2000 年以来，我国经济与城镇化快速的发展、高强度的资源开发、严重的自然灾害等给生态环境带来前所未有的冲击：2010 年提前 10 年实现 GDP 比 2000 年翻两番的目标；实施了三峡工程、青藏铁路、南水北调等一大批大型建设工程；发生了南方冰雪冻害、汶川大地震、西南大旱、玉树地震、南方洪涝、松花江洪水、舟曲特大山洪泥石流等一系列重大自然灾害事件，对我国生态系统造成巨大的影响。同时，2000 年以来，我国生态保护与建设力度加大，规模巨大，先后启动了天然林保护、退耕还林还草、退田还湖等一系列生态保护与建设工程。进入 21 世纪以来，我国生态环境状况与趋势如何以及生态安全面临怎样的挑战，是建设生态文明与经济社会发展所迫切需要明确的重要科学问题。经国务院批准，环境保护部、中国科学院于 2012 年 1 月联合启动了"全国生态环境十年变化（2000—2010 年）调查评估"工作，旨在全面认识我国生态环境状况，揭示我国生态系统格局、生态系统质量、生态系统服务功能、生态环境问题及其变化趋势和原因，研究提出新时期我国生态环境保护的对策，为我国生态文明建设与生态保护工作提供系统、可靠的科学依据。简言之，就是"摸清家底，发现问题，找出原因，提出对策"。

"全国生态环境十年变化（2000—2010 年）调查评估"工作历时 3 年，经过 139 个单位、3000 余名专业科技人员的共同努力，取得了丰硕成果：建立了"天地一体化"生态系统调查技术体系，获取了高精度的全国生态系统类型数据；建立了基于遥感数据的生态系统分类体系，为全国和区域生态系统评估奠定了基础；构建了生态系统"格局–质量–功能–问题–胁迫"评估框架与技术体系，推动了我国区域生态系统评估工作；揭示了全国生态环境十年变化时空特征，为我国生态保护与建设提供了科学支撑。项目成果已应用于国家与地方生态文明建设规划、全国生态功能区划修编、重点生态功能区调整、国家生态保护红线框架规划，以及国家与地方生态保护、城市与区域发展规划和生态保护政策的制定，并为国家与各地区社会经济发展"十三五"规划、京津冀交通一体化发展生态保护规划、京津冀协同发展生态环境保护规划等重要区域发展规划提供了重要技术支撑。此外，项目建立的多尺度大规模生态环境遥感调查技术体系等成果，直接推动了国家级和省级自然保护区人类活动监管、生物多样性保护优先区监管、全国生态资产核算、矿产资源开发监管、海岸带变化遥感监测等十余项新型遥感监测业务的发展，显著提升了我国生态环境保护管理决策的能力和水平。

《中国生态环境演变与评估》丛书系统地展示了"全国生态环境十年变化（2000—2010 年）调查评估"的主要成果，包括：全国生态系统格局、生态系统服务功能、生态环境问题特征及其变化，以及长江、黄河、海河、辽河、珠江等重点流域，国家生态屏障区，典型城市群，五大经济区等主要区域的生态环境状况及变化评估。丛书的出版，将为全面认识国家和典型区域的生态环境现状及其变化趋势、推动我国生态文明建设提供科学支撑。

因丛书覆盖面广、涉及学科领域多，加上作者水平有限等原因，丛书中可能存在许多不足和谬误，敬请读者批评指正。

《中国生态环境演变与评估》丛书编委会

2016 年 9 月

序

　　长株潭是湖南的核心城市群，也是中国南方举足轻重的经济枢纽，2007 年 12 月 14 日，经国务院同意，国家发改委正式发文批准，长株潭城市群成为全国资源型节约型和环境友好型社会建设综合配套改革试验区，这给长株潭的发展带来了前所未有的机遇。长沙、株洲、湘潭三市的经济一体化建设使其经济得到了快速发展，但城市群的生态环境问题也越来越突出。为系统地调查评价长株潭城市群的城市扩展过程及其生态效应，分析城市生态系统的类型、格局及其变化以及生态质量和环境质量状况及其变化，评估城市群和重点城区的资源环境效率并辨析目前面临的生态环境胁迫，《全国生态环境十年变化 (2000—2010) 遥感调查与评估》项目设置了《长株潭城市群生态环境十年变化调查与评估》课题。该课题以长株潭城市群和长沙市区为调查评价对象，调查评价城市扩展过程及其生态效应。在评估中，利用不同时相的遥感、土地利用、环境监测等数据与技术手段，在区域尺度上阐明森林、农田、草地、湿地、建设用地等生态系统的变化，重点调查与揭示长株潭城市群和长沙市区在空间的扩展动态、过程与趋势；在城市尺度上根据城市生态系统的组成和特点，分析长株潭城市群和长沙市区生态系统与环境质量状况，阐明城市生态系统内部结构与格局的变化及其与生态环境质量的关系。明确 2000 ~2010 年长株潭城市群生态系统格局与环境质量的变化，评价 2000 ~2010 年长株潭城市群的生态环境综合质量、评估城市化的生态环境效应，提出城市化生态环境问题及对策，为促进长株潭社会经济发展、提高城市人居环境质量和增强城市生态系统服务功能提供数据支撑。

　　在总结、归纳长株潭课题研究成果的基础上，本书结合城市群生态环境变化调查、评估的方法、要求以及研究成果对生态环境保护的指导作用，编纂成本书的主要内容。全书共分 7 章，第 1 章由董家华、宋巍巍、杨大勇撰写，第 2 章由董家华、曾思远、房巧丽、陆颖撰写，第 3、4 章由董家华、李宇、曾思远、宋巍巍、杨大勇撰写，第 5 章由李远、曾思远、李宇、董家华撰写，第 6 章由林奎、董家华撰写，第 7 章由董家华、曾思远、李宇、房巧丽撰写，全书由董家华统稿。

　　由于作者研究领域和学识的限制，书中难免有不足之处，敬请读者不吝批评、赐教。

作　者

2016 年 7 月

目　　录

第1章 长株潭自然环境和社会经济概况

"长株潭城市群"是长沙、株洲、湘潭的简称。长沙、株洲、湘潭三市同处湘江下游,呈"品"字形分布。长沙到株洲和湘潭的距离都是50km,目前已经由省级公路、高速公路、城际快速干道和高速铁路连接。除了地缘上的紧密,三地在经济社会发展上亦有相当多的联系(图1-1)。"长株潭城市群"早在2004年,就已经启动了包括金融改革、供电、交通、供气、经济技术开发区选址等十大工程,是中国第一个自觉地进行区域经济一体化的试验区。目前,三地巳三网同城(电信网、广播电视网、互联网)、交通同城(长株潭城际公交早在2007年便开通)。长株潭城市群是湖南省经济发展的核心增长极,也是国家实施中部崛起战略中重点发展的城市群之一。

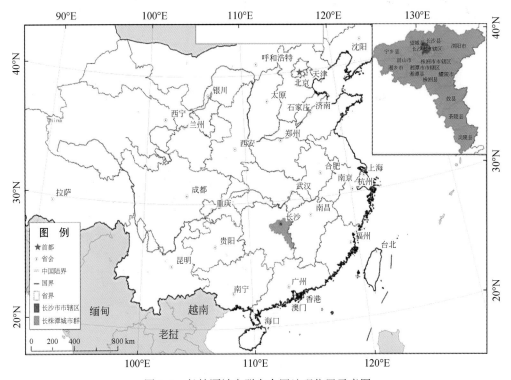

图1-1 长株潭城市群在全国地理位置示意图

长株潭的发展受到各方面的关注。20世纪50年代,曾有专家提出三市合一、共建"毛泽东城"的构想。80年代初,按照长株潭经济区的构想,进行了初步试验和理论探索。1997年,湖南省委、省政府做出了推进长株潭经济一体化的战略决策,致力于发挥长株潭的独特优势，把长株潭培育成湖南的核心增长极（图 1-2）。为此，湖南省成立了长株潭经济一体化发展省级协调机构，建立了重大事项协调机制。三市也成立了相应机构，召开三市党政联席会议和企业协会联席会议。十多年来，按照"规划引导、基础设施先行、重大项目跟进"的思路，探索了规划、行政、法制、改革四个抓手，城市群建设取得了阶段性进展。2006 年，长株潭被国家列为促进中部崛起重点发展的城市群之一。2007年，长株潭三市被整体纳入国家老工业基地，享受东北老工业基地振兴的政策延伸。2007年 12 月 14 日，国家批准长株潭城市群成为全国资源节约型和环境友好型社会建设综合配套改革试验区。

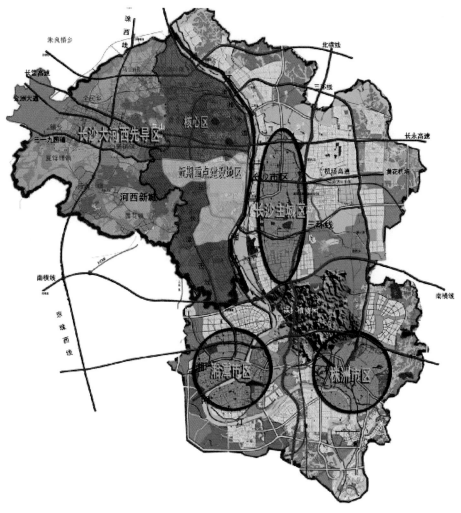

图 1-2　长株潭区位图

本章主要调查分析长株潭城市群和长沙市区的地形、地貌、气象、气候、自然资源等自然环境概况以及产业发展、产值、人口等经济社会概况。

1.1 长株潭区域自然环境概况

长沙、株洲、湘潭三市沿湘江呈"品"字形分布，两两相距不足 50km，结构紧凑。人均水资源拥有量 2069m³，森林覆盖率达 54.7%，具备较强的环境承载能力。长株潭城市群是中国京广经济带、泛珠三角经济区、长江经济带的接合部，区位和交通条件优越。本节将分别针对长沙、株洲、湘潭三市的地形地貌、气候、自然资源等自然环境概况进行概括分析。

1.1.1 长沙市自然环境概况

长沙为湖南省省会，位于湖南省东部，湘江下游长浏盆地西缘。长沙市南接株洲市和湘潭市，西抵娄底市，北达岳阳市、益阳市，东挨江西省宜春市、萍乡市。地理坐标为东经 111°53′~114°15′，北纬 27°51′~28°40′，东西长约 230km，南北宽约 88km。截至 2011 年 7 月 1 日，长沙市辖长沙市区（芙蓉区、天心区、岳麓区、开福区、雨花区、望城区）及浏阳市、长沙县、宁乡县，共六区一市两县。

1.1.1.1 地形地貌

长沙地理坐标为东经 111°53′~114°15′，北纬 27°51′~28°40′，东西长约 230km，南北宽约 88km。地域呈东西向长条形状，地貌北、西、南缘为山地，东南以丘陵为主，东北以岗地为主，山地、丘陵、岗地、平原大体各占 1/4。地处洞庭湖平原的南端向湘中丘陵盆地过渡地带，与岳阳、益阳、娄底、株洲、湘潭和江西萍乡接壤。总面积为 11 818km²，其中市区面积 1938.5km²，建成区面积 320km²（截至 2011 年 7 月）。位于浏阳境内的大围山七星岭海拔 1616m，为辖区最高处；岳麓山的云麓峰海拔 300.8m，为城区最高点。

湘江为长沙最重要的河流，由南向北贯穿全境，境内长度约 75km。湘江自南向北贯穿长沙城区，把城市分为河东和河西两大部分。河东以商业经济为主，河西以文化教育为主。

1.1.1.2 气候

长沙属亚热带季风气候，四季分明。春末夏初多雨，夏末秋季多旱；春湿多变，夏秋多晴，严冬期短，暑热期长。全年无霜期约 275 天，年平均气温 16.8~17.2℃，极端最高气温为 40.6℃，极端最低气温为 -12℃，年平均总降水量 1422.4mm。水资源以地表水为主，水源充足，年均地表径流量达 808 亿 m³。除了湘江外，还有汇入湘江的支流 15 条，主要有浏阳河、捞刀河、靳江和沩水河。最大的水库为宁乡县境内的黄材水库和浏阳市境内的朱树桥水库。

长沙土壤种类多样，可划分 9 个土类、21 个亚类、85 个土属、221 个土种，总面积 1366.2 万亩（1 亩 ≈ 666.67m²），其中，以红壤、水稻土为主，分别占土壤总面积的 70%

与25%。此外，还有菜园土、潮土、山地黄壤、黄棕壤、山地草甸土、石灰土、紫色土等，适宜多种农作物生长。

1.1.1.3 自然资源

(1) 矿产资源

长沙矿产种类繁多，尤以非金属矿独具特色。已查明的有铁、锰、钒、铜、铅、锌、硫、磷、海泡石、重晶石、菊花石、煤等50余种，特别是拥有全国独一无二的菊花石、储量居全国首位的海泡石、生产规模居全省第一的永和磷矿等。大型矿床10处，小型矿床16处，矿点300多处。

(2) 水资源

长沙市的河流大都属湘江水系，支流河长5km以上的有302条，其中湘江流域289条。支流分级如下：一级支流24条，二级支流128条，三级支流118条，四级支流32条；另有13条属资江水系；形成相当完整的水系，河网密布全市。年平均地表径流量82.65亿 m^3，径流深550～850mm。湘江流经长沙市的常年径流量年均692.50亿 m^3，全年可通航。全市水能蕴藏量24.53万kW，地下水总储量9.35亿 m^3/年，为长沙市提供了丰富的水资源，但现仅利用16.72%。长沙市水文特征为水系完整，河网密布；水量较多，水能资源丰富；冬不结冰，含沙量少。

(3) 土地资源

全市土地总面积1774.2万亩，其中林地930.94万亩，占土地总面积的52.47%，森林覆盖率49.98%，林木绿化率53.6%。全市活立木总蓄积量21 008 939 m^3，其中乔木林蓄积19 902 702 m^3，占活立木总蓄积的94.73%；疏林蓄积9657 m^3，占活立木总蓄积的0.05%；四旁树蓄积629 976 m^3，占活立木总蓄积的3.00%；散生木蓄积466 604 m^3，占活立木总蓄积的2.22%。

1.1.2 株洲市自然环境概况

株洲地理坐标为北纬26°03′05″～28°01′07″，东经112°57′30″～114°07′15″，地处湖南省东部、江南湘江下游，是湖南第二大城市、综合实力第二强市。

1.1.2.1 气候

株洲属亚热带季风性湿润气候，四季分明，雨量充沛、光热充足，无霜期在286天以上，年平均气温16～18℃，是名副其实的膏腴之地，适宜多种农作物生长，为湖南省有名的粮食高产区和国家重要的商品粮基地，长江流域第一个粮食亩产过吨的县（市）就产生在株洲管辖的醴陵市。

1.1.2.2 自然资源

株洲境内物产资源丰富，已探明的矿产有煤、铁、钨、铅、锌、锡、铀、铜、铌、钽、稀土、萤石、石膏、硅石土、高岭土、石灰石、花岗岩等 40 余种，为著名的有色金属之乡。丰富的农产和矿藏资源，加上气候、土壤、地质、植被所具有的多样性特征，为多层次开发提供了优越的条件。

1.1.2.3　地形地貌

市域地貌类型结构为水域 637.27km²，占市域总面积的 5.66%；平原 1843.25km²，占16.37%；低岗地 1449.86km²，占 12.87%；高岗地 738.74km²，占 6.56%；丘陵1916.61km²，占 17.02%；山地 4676.47km²，占 41.52%。山地主要集中于市域东南部，岗地以市域中北部居多，平原沿湘江两岸分布。市境位于罗霄山脉西麓，南岭山脉至江汉平原的倾斜地段上，市域总体地势东南高、西北低。北中部地形岭谷相间，盆地呈带状展布；东南部均为山地，重峦叠嶂，地势雄伟。

1.1.3　湘潭市自然环境概况

湘潭位于湖南省中部偏东，湘江下游。地跨东经 111°58′~113°05′，北纬 27°21′~28°05′。北接长沙市，南连衡阳市，西抵娄底市，东与株洲市相邻，下辖岳塘、雨湖两个区、湘潭县以及湘乡、韶山两个县级市，总面积 5015km²，常住人口 274 万，是湖南省面积最小的地级市。湘潭历史悠久、名人荟萃，是毛泽东、彭德怀、曾国藩、齐白石、贺国强、马英九等著名人物的故乡，同时作为湖湘学派及湘军的发源地而蕴含着独特的文化传统。

1.1.3.1　地形地貌

湘潭市总的地貌轮廓是北、西、南地势高，中部、东部地势低平，但地势起伏较为和缓，反差强度不大，近 80% 的面积在海拔 150m 以下。地貌类型多样，山地、丘陵、岗地、平原、水面俱备。在全部土地总面积中，山地 607.76km²，占 12.12%；丘陵965.41km²，占 19.25%；岗地 1607.39km²，占 32.05%；平原 1406.81km²，占 28.05%；水面 427.59km²，占 8.53%。

1.1.3.2　气候

湘潭属中亚热带季风湿润气候区，夏秋干旱，冬春易受寒潮和大风侵袭。光能资源比较丰富，历年平均日照时数 1640~1700h。热量资源富足，平均气温 16.7~17.4℃。降水量较充沛，但季节分布不均，年际变化大，全年降水量为 1200~1500mm。

1.1.3.3　自然资源

(1) 生物资源

湘潭市现有森林植被以人工林为主，树种类型多样，用材林有杉木、马尾松、樟木、稠木、楠木、百乐等 16 种；经济林有油茶、油桐、棕、乌桕、桑、茶叶、桃、李、梅等

15 种；引进树有湿地松、国外松、火炬松、水杉、池杉、意大利杨、黑荆等。农作物资源丰富，可供栽培的粮食、油料、纤维及其他经济作物上千种。湘潭县的"寸三莲"以优质高产驰名中外，市郊的寸辣椒、矮脚白菜、项蓬长冬瓜等久负盛名。养殖的主要经济鱼类达 40 多种，畜禽中的沙子岭猪、壶天石羊为优良的地方品种。

（2）土地资源

湘潭位于衡山山脉的小丘陵地带，地貌以平原、岗地、丘陵为主，土地资源具有耕地、水面和丘陵地较多较好的优势。现有耕地 12.2 万 hm^2，占土地总面积的 24.3%，全市人均占有耕地 447m^2。土地质量好，利用率高，水稻土、红壤、菜园土分布较广，有利于以水稻为主的种植业和大农业的开发。

（3）水资源

湘潭四季分明，雨量丰沛，年降雨量一般在 1500mm 左右。全市水资源总量多年平均为 37.75 亿 m^3。其中，地表水 31.45 亿 m^3，地下水 6.3 亿 m^3。湘江、涟水和涓水都流经湘潭。

（4）矿产资源

湘潭境内已发现和查明的矿产有 36 种，已探明储量的有 16 种。储量较大的有石灰石、矽沙、白云石、石膏、滑石、方解石、磷矿石、海泡石等。此外，有锰、铁、石英砂、钾长石、重晶石等其他金属矿。上述矿藏中以石灰石、矽沙、锰、石膏、白云石等开发利用较好。

1.2 长株潭区域社会经济发展概况

长株潭城群是中国京广经济带、泛珠三角经济区、长江经济带的接合部，区位和交通条件优越。三市通过资源整合和产业布局，目前已建成了 3 个国家级开发区，2 个国家产业基地。2006 年，长株潭三市人口 1300 万，经济总量 2818 亿元，分别占湖南全省的 13.3%、19.2%、37.6%。2010 年，长株潭长株潭地区生产总值 6715.91 亿元，占湖南全省 42.22%，比 2009 年增长 15.5%；环长株潭（"3+5"）城市群地区生产总值 12 560.17 亿元，比 2009 年增长 15.2%；长株潭地区进出口、实际利用外资占全省的比例都超过 60%，是湖南省经济发展的核心增长极，核心增长极的作用进一步得到显现。本节将分别针对长沙、株洲、湘潭三市 2010 年的投资、产值、收入、产业发展等经济状况以及人口等社会发展状况进行概括分析。

1.2.1 经济概况

根据长沙市 2010 年的国民经济和社会发展统计公报（以下简称统计公报）可知：长沙市 2010 年实现地区生产总值 4500 亿元，全社会固定资产投资突破 3200 亿元，地方财政收入达 506.3 亿元，分别增长 15.5%、32%、27.2%。城镇居民人均可支配收入和农民人均纯收入分别达到 21 900 元和 11 367 元，分别增长 11.5% 和 20.5%。2010 年全部工业总产值突破 5000 亿元、增加值突破 2000 亿元。工程机械产业完成产值 1200 亿元，成为全市第一个千亿产业集群。新增住友轮胎、美国空气化工等世界 500 强企业 5 家，宁乡经济开发区晋升为国家级开发区。全年实现社会消费品零售总额 1812.6 亿元，增长 20%。培育发展物流产业，金霞经济开发区被评为中国物流示范基地。实现进出口总额 61 亿美元、服务外包业务总量 245 亿元、旅游总收入 458 亿元，分别增长 48%、39.2% 和 28.7%。落实房地产宏观调控政策，商品房销售面积 2000 多万 m²，同比增长 22.7%。长沙拥有 4 个国家级开发区：国家级浏阳经济技术开发区（原长沙国家生物产业基地）（位于浏阳市），长沙经济技术开发区（位于长沙县），长沙高新技术产业开发区（位于长沙市高新区）和宁乡经济技术开发区（位于宁乡县）。长沙经济技术开发区位于长沙县星沙街道，其投资环境综合评价指数在中西部 16 个国家开发区中位居第一，近三年的 GDP 以 33.2% 的速度递增。截至 2011 年 9 月，世界 500 强企业中，有可口可乐、百事可乐、中粮集团、法国达能、法国道达尔、荷兰飞利浦、日本三菱、德国博世、日商岩井、日本三井物产、泰国易初莲花等，共 28 家入驻长沙。

根据株洲市 2011 年的统计公报可知：2011 年株洲全市 GDP 达到 1563.9 亿元，增长 14.1%；财政收入达到 175.4 亿元，增长 33.9%；实现全社会固定资产投资 849 亿元，增长 35.6%；城镇居民人均可支配收入达到 22 633 元，农民人均纯收入达到 9237 元，分别增长 14.6%、21.8%；2011 年各项数据增速较快，经济总量稳居全省第 5 位，而人均 GDP 达到约 40 562 元，按平均汇率计算约合 6280 美元，各项人均数据继续保持全省第 2 位，高于全国平均水平。下辖县市中，醴陵市经济增速创新高，跻身全国经济百强县，攸县稳居全省县域经济十强县。2011 年，株洲城区生产总值 800.3 亿元，增长 13.1%，占全市的比重为 51%；县域 763.6 亿元，增长 15.3%，占比为 49%。城区财政总收入 58.5 亿元，增长 27.6%；县为 64.3 亿元，增长 38.1%；城区一般预算收入 34.8 亿元，增长 12.5%；县域 306.4 亿元，增长 29.7%。城区固定资产投资 465.6 亿元，增长 38.4%；县域 383.4 亿元，增长 34.3%。城区城镇居民人均可支配收入 24 017 元，农民人均纯收入 13 465 元，分别增长 14.5% 和 22.3%；县域为 19 760 元和 9058 元，分别增长 14.9% 和 22.5%。株洲既是全国的老工业基地，又是新兴的工业城市，株洲是亚洲最大的有色金属冶炼基地、硬质合金研制基地、电动汽车研制基地。世界 500 强中，已经有 11 个在株洲投资了 12 个项目，如日本雅马哈、加拿大普惠、德国西门子、美国 ABC、日本三菱、美国希尔顿大酒店、法国家乐福荷兰分公司、中国台湾富士康等。外资企业数量居湖南省第二位。"中字号"企业有 15 家。中国第一台航空发动机、第一枚空对空导弹、第一台电力机车、第一块硬质合金等 100 多个中国工业史上的"第一"都诞生在株洲。株洲生产的六轴 9600kW 电力机车，是当今世界功率最大的机车。

根据湘潭市 2011 年的统计公报可知：2011 年湘潭全市地区生产总值达 1124.33 亿元，同比增长 14.4%。其中，第一产业增加值 102.56 亿元，增长 3.6%；第二产业增加值 668.65 亿元，增长 17.3%；第三产业增加值 353.12 亿元，增长 13.0%（表 1-1，图 1-3）。产业结构优化升级，三次产业结构调整为 9.1∶59.5∶31.4，二、三产业比重较上年提高 1.6 个百分点。非公有制经济增加值占全市地区生产总值的比重为 56.9%，比上年提高 4.9 个百分点。全市全部工业增加值占地区生产总值的比重达 54.3%；工业对全市经济增长的贡献率为 62.4%。全年万元规模工业增加值能耗同比下降 12.1%。湘潭是重要的农业产区，湘潭县是湖南省第二大的粮食与肉类生产县，湘乡市也是全国肉类生产的百强县之一。2011 年全年粮食播种面积稳定在 315.6 万亩，粮食总产达到 146.5 万 t。全年出栏生猪 548.91 万头，出栏牛 1.07 万头，出栏羊 9.25 万头，禽蛋产量 3.09 万 t。全市拥有市级以上农业产业化龙头企业 97 家，比 2010 年增加 13 家。其中，国家级、省级龙头企业 19 家，比 2010 年增加 2 家。全年农业产业化龙头企业实现销售收入 232 亿元，增长 30.8%。全年完成水利工程投入 8.01 亿元。机械化耕作程度达到 85.5%，超全省平均水平 10.1 个百分点。工业是湘潭经济的主导产业，主要的工业类型为冶金、机电、化工、化纤、纺织、农产品加工、皮革、煤炭。具有全国性影响的工业产品为钢铁、机电、部分化工产品与军工产品。全市规模以上工业企业 790 家。全年实现规模工业总产值突破 2000 亿元，达 2083.76 亿元，同比增长 40.5%；规模工业增加值 634.87 亿元，增长 20.0%。全市规模以上工业实现主营业务收入 2022.75 亿元，增长 45.2%；实现利润 52.17 亿元，增长 14.2%。

表 1-1　长沙、株洲、湘潭 2000 年、2005 年和 2010 年的 GDP 统计表

地区	年份	GDP/亿元	第一产业/亿元	第二产业/亿元	第三产业/亿元
长沙	2000	656	74	268	314
	2005	1520	113	655	752
	2010	4547	202	2437	1908
株洲	2001	323	76	625	215
	2005	526	71	265	190
	2010	1275	124	746	406
湘潭	2000	234	32	106	95
	2005	367	56	159	152
	2010	894	96	499	299
长株潭城市群	2000	1213	183	1000	623
	2005	2413	239	1079	1095
	2010	6716	422	3682	2612
湖南	2000	3692			
	2005	6474			
	2010	15 902			
全国	2000	89 404			
	2005	182 321			
	2010	397 983			

数据来源：长沙、株洲、湘潭、湖南省和全国统计公报（2000 年、2005 年、2010 年）。

1.2.2　社会概况

2010 年，长沙市常住人口为 7 044 118 人，与第五次全国人口普查的 6 138 719 人相比，10 年共增加 905 399 人，增长 14.75%，年平均增长率为 1.39%。全市户籍人口为

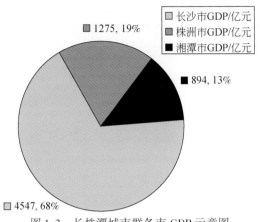

图 1-3 长株潭城市群各市 GDP 示意图

6 511 888 人。常住人口中共有家庭户 2 075 381 户，家庭户人口为 6 097 929 人，平均每个家庭户的人口为 2.94 人，比 2000 年第五次全国人口普查的 3.2 人减少 0.26 人。

株洲市域常住总人口为 385.56 万人（2010 年人口普查数据）；其中市区的总面积为 853.4km^2，常住总人口为 105.54 万（为 2010 年人口普查数据，因为 2011 年原市区周围株洲县的卫星城镇纳入城区，现人口应达到约 120 万）。此外，2009 年年末，株洲市区建成区面积达到 107.5km^2（云龙示范区未列），位居全省第 2 位，比"十一五"目标提前一年实现"双百"城市目标。

2011 年湘潭市常住人口为 2 748 552 人，与 2000 年第五次全国人口普查的数据相比，共增加 76 483 人，增长 2.86%，年平均增长率为 0.28%，人口自然增长率为 5.43‰。全市户籍人口为 2 888 294 人，常住人口中共有家庭户 813 237 户，平均每个家庭户的人口为 3.07 人（图 1-4）。

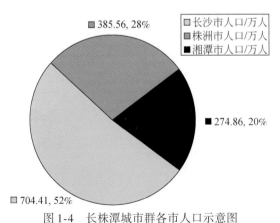

图 1-4 长株潭城市群各市人口示意图

1.3 重点城区——长沙市区的基本情况

根据长沙市统计年鉴等有关资料可知：长沙市现辖长沙市区（芙蓉区、天心区、岳麓区、开福区、雨花区、望城区）及长沙县、宁乡县、浏阳市，共六区二县一市。长沙市总面积 11 819km²，其中长沙市区面积 1938km²，2011 年人口约 363 万，望城并入长沙城区后建成区面积约为 320km²；长沙市区的芙蓉区面积 42 km²，人口 52.3 万；天心区面积 74 km²，人口 47.5 万；岳麓区面积 552 km²，人口 80.2 万；开福区面积 187 km²，人口 56.7 万；雨花区面积 114 km²，人口 72.5 万；望城区面积 969.5 km²，人口 52.68 万。

1.3.1 自然环境概况

长沙市与长沙市区（蓝色或紫色边框）概况、地形、土壤、土壤侵蚀、植被、重点保护动植物、自然保护区、森林公园和水环境功能区划分布分别见图 1-5 ~ 图 1-11。

图 1-5 长沙市与长沙市区概况图

由图 1-6 可看出，长沙市的地形呈现东西两侧高、中间低洼的坡谷形。尤其是长沙市区，分布在湘江两岸，更是呈现出显著的冲积平原型地形。

图 1-6 长沙市与长沙市区地形图

图 1-7 显示，长沙市的土壤类型有 10 种，其中分布最广泛的是红壤和水稻土，其他

几种土壤分布具有较明显的区域性，如黄壤主要分布在东北和西北山地丘陵区，紫色土更多地分布在水稻土的周边，河潮土分布在湘江流域河道两侧等，其余的土壤零星分布。长沙市区的土壤类型主要是水稻土，其次是红壤，少量菜园土、河潮土和紫色土。

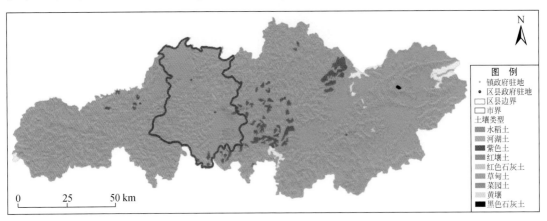

图1-7　长沙市与长沙市区土壤分布图

图1-8显示，长沙市大部分区域土壤侵蚀程度为微度侵蚀，中度侵蚀零星分布。土壤侵蚀程度与地形存在较强的相关性，东部和西部山地丘陵区土壤侵蚀程度较高，而中部平原区土壤侵蚀程度较轻，但湘江两岸呈现较明显的土壤侵蚀带。

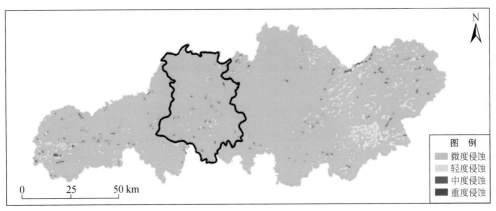

图1-8　长沙市与长沙市区土壤侵蚀图

从图1-9可以看出，长沙市的植被覆盖较好，在各类林地中，有林地和疏林地所占面积较大，未成林造林地分布广泛。

长沙市拥有岳麓山风景名胜区、石燕湖生态旅游公园、大围山国家森林公园、天际岭国家森林公园、湘江水利风景区、千龙湖生态度假村等国家级和省级的保护区、森林公园和风景名胜区（图1-10）。

如图1-11所示，长沙市的水环境功能区共分为六类，分别为自然保护区、饮用水源区、娱乐用水区、渔业用水区、工业用水区和农业用水区。其中，农业用水区范围最大，主要分布在农业较为发达的平原地区，娱乐用水区和工业用水区主要分布在市区湘江干流和支流，饮用水源区在几条主要河流均有分布。

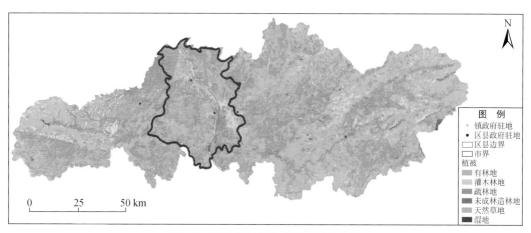

图1-9　长沙市与长沙市区植被分布图

图1-10　长沙市与长沙市区重点保护动植物及自然保护区、森林公园分布图

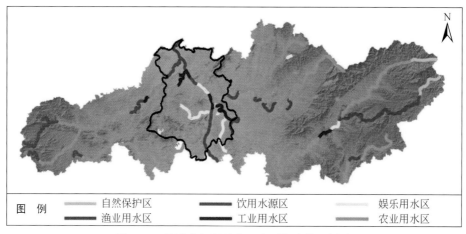

图1-11　长沙市与长沙市区水环境功能区划图

1.3.2 社会经济概况

长沙作为我国首批历史文化名城，具有三千年灿烂的古城文明史，是楚汉文明和湖湘文化的始源地，是湖南省的政治、经济、文化、交通和科教中心，亦是环长株潭城市群的龙头城市。由第六次人口普查结果可知，长沙市全市常住人口为 7 044 118 人，同第五次全国人口普查的 6 138 719 人相比，10 年共增加 905 399 人，增长 14.75%，年平均增长率为 1.39%。全市户籍人口为 6 511 888 人。

长沙经济总量位居中部第二位，仅次于中部地区龙头城市武汉。已拥有长沙高新技术产业开发区和长沙经济技术开发区两个国家级开发区，并正在规划建设国家级岳麓山大学城，初步形成了电子信息、机械制造、烟草食品、新材料、生物医药等支柱产业，涌现了一批名牌产品。白沙系列卷烟单品牌销售量以及计算机终端、直燃式中央空调销售量均居全国同行业第一位；混凝土泵占国内市场销售量的 60%，连续化带状泡沫镍生产能力在国际上处于领先地位。湘绣、铜官陶瓷、浏阳花炮、菊花石雕等工艺产品久负盛名，具有浓厚的地方特色。2010 年长沙实现地区生产总值（GDP）4547.06 亿元，比 2009 年增长 15.5%，人均 GDP 超过 1 万美元，比 2005 年增长 1.87 倍。GDP 总量在全国省会城市中稳居第 7 位，GDP 在百强城市排名中第 20 位。

1.4 主要的生态环境问题

长株潭经济正处于从粗放型向集约型的转型时期，城镇化和工业化快速发展的同时也带来了不同忽视的环境破坏和污染加剧等问题。由于多年重工业的发展，积累性的环境污染问题比较突出；另一方面，由于污染排放量大，治理处理率相对较低，使长株潭的环境压力不断增大。资源约束和环境问题越来越成为可持续发展的瓶颈。本节通过调查分析长株潭城市群和重点城区的生态环境状况，建立调查、评价指标，识别出城市群和重点城区水体污染、大气污染及土壤环境污染问题以及城市绿地、水土流失等主要生态问题。

1.4.1 长株潭城市群和重点城区特征生态环境问题调查与评价指标

本书主要从自然条件、社会经济与资源、城市扩张、生态状况、环境状况 5 个方面选择调查指标来调查分析长株潭城市群的生态环境问题，以充分了解长株潭城市群和长沙市区生态系统及环境质量的各方面特征，建立长株潭城市群生态环境基础信息数据库，为长株潭城市群生态环境变化及其驱动力分析、城市化生态环境问题辨识、生态环境管理政策和制度建设提供基础性信息支撑。为了从不同方面鉴别城市群和城区生态环境问题的差异，分别建立长株潭城市群和长沙市区生态环境状况调查内容与指标。长株潭城市群调查分析指标见表 1-2，长沙城区的调查分析指标见表 1-3。

表 1-2　长株潭城市群生态环境状况调查内容与指标

序号	调查内容	调查指标	数据来源
1	自然条件	a. 年均气温；b. 年最高气温；c. 年最低气温；d. 月平均气温；e. 月最高气温；f. 月最低气温	气象局（县级尺度）
		a. 年均降水量；b. 月均降水量；c. 多年平均降水量；d. 逐月多年平均降水量	气象局、地面气象站监测数据（县级各站点）
		a. 地表水资源量（主要河流年均水位与流量；湖泊水位；水库水位和库容）；b. 地下水资源量	水资源公报（市级）
2	社会经济与资源	a. 行政区土地总面积	统计年鉴（市级/县级）、土地利用现状变更表（市级）
		a. 人口总数；b. 城市与乡村人口；c. 户籍与常住人口	统计年鉴（市级/县级）
		a. 国民生产总值；b. 分产业产值与结构	统计年鉴（市级/县级）
		a. 城市建成区面积及分布	统计年鉴（市级/县级）、遥感数据
		a. 各等级公路长度及分布状况；b. 各类型铁路及分布；c. 港口规模及分布	矢量数据、统计年鉴（市级/县级）
		a. 用水总量；b. 分行业用水量	统计年鉴（市级/县级）、水资源公报（市级）
		a. 能源消费总量：第一产业，第二产业，第三产业	统计年鉴（市级/县级）、能源年鉴
3	城市扩张	a. 不透水地面（按人工建筑和道路分类）面积与分布	遥感数据（全国+长株潭城市群）
4	生态状况	a. 各类生态系统的面积、比例、斑块大小、多样性、斑块密度和连接度	遥感数据（全国）
		a. 生物量	NDVI 数据+遥感获取的植被分布
		a. 不同程度风蚀土壤侵蚀面积与分布；b. 不同程度水蚀土壤侵蚀面积与分布	遥感数据（全国）
		a. 植被类型、面积与分布	遥感数据（全国）
		a. 地表温度分布图	遥感数据（长株潭城市群）

序号	调查内容	调查指标	数据来源
5	环境状况	a. 国控、省控、市控河流监测断面水质与级别（常规监测各项指标：pH、溶解氧、高锰酸盐指数、BOD_5、氨氮、石油类、挥发酚、汞、铅等）；b. 湖泊水质；c. 河流和湖泊水功能与水质目标；d. 河道底泥重金属含量	环境统计上报系统数据、环境质量报告书（市级）；省级水环境功能区划；底泥重金属主要来自科研部门的研究报告（包括湘江流域重金属污染防治规划等）
		a. 空气环境监测站点分布；b. 各站点主要空气污染物浓度：SO_2 浓度、NO_2 浓度、PM_{10} 浓度等（监测值主要为年平均与季节平均）	环境统计上报系统数据、环境质量报告书（市级）
		a. 酸雨频率及其空间分布特征（一般无空间分布）；b. 酸雨年均 pH 及其空间分布特征（一般无空间分布）	环境质量报告书（市级）
		a. 工业废水排放量，生活废水排放量；b. 工业 COD 排放量，生活 COD 排放量；c. 工业氨氮排放量，生活氨氮排放量	环境统计上报系统数据、环境质量报告书（市级）
		a. 工业废气排放量，生活废气排放量（无权威统计）；b. 工业烟尘排放量，生活烟尘排放量（无权威统计）；c. 工业粉尘排放量；d. 工业氮氧化物排放量，生活氮氧化物排放量；e. 工业 SO_2 排放量，生活 SO_2 排放量（无权威统计）；f. 工业 CO_2 排放量（无权威统计），生活 CO_2 排放量（无权威统计）	环境统计上报系统数据、环境质量报告书（市级）
		a. 工业固体废物排放量；b. 生活垃圾排放量；c. 城市垃圾堆放点、面积及分布	环境统计上报系统数据、环境质量报告书（市级）；环卫规划（市级）
		a. 化肥施用量；b. 农药使用量；c. 耕地面积	统计年鉴（市级/县级）、土地利用现状变更表（市级）、农业统计上报数据
		a. 土壤中金属含量调查	全国土壤污染状况调查数据、湘江流域重金属污染防治规划等

表 1-3 长沙市区生态环境状况调查内容与指标

序号	调查内容	调查指标	数据来源
1	自然条件	a. 年均气温；b. 年最高气温；c. 年最低气温；d. 月平均气温；e. 月最高气温；f. 月最低气温	气象局
		a. 年均降水量；b. 月均降水量；c. 多年平均降水量；d. 逐月多年平均降水量	气象局、地面气象站监测数据（市区各站点）

序号	调查内容	调查指标	数据来源
2	社会经济与资源	a. 城市人口总数（人均收入、人均 GDP、人口年龄比例、受教育程度）	统计年鉴、人口普查
		a. 城市建成区面积及分布	遥感数据（长沙市区高分）、统计年鉴
		a. 用水总量；b. 分行业用水量	统计年鉴
		a. 能源消费总量：第一产业，第二产业，第三产业	统计年鉴
3	城市扩张与建成区格局特征	a. 不透水地面（按人工建筑和道路分类）面积、比例与分布	遥感数据（长沙市区高分）
4	生态质量	a. 城市绿地类型、面积与分布（斑块大小、斑块密度、边界密度、形状指数、连接度、破碎度）	TM-NDVI 数据、遥感数据（长沙市区高分）
		a. 地表温度分布图	遥感数据
5	环境质量	a. 国控、省控、市控河流监测断面水质与级别（常规监测各项指标：pH、溶解氧、高锰酸盐指数、BOD_5、氨氮、石油类、挥发酚、汞、铅等）；b. 湖泊水质；c. 河流和湖泊水功能与水质目标	环境统计上报系统数据、环境质量报告书；省级水环境功能区划
		a. 空气环境监测站点分布；b. 各站点主要空气污染物浓度：SO_2 浓度、NO_2 浓度、PM_{10} 浓度等（监测值主要为年平均与季节平均）	环境统计上报系统数据、环境质量报告书
		a. 工业废水排放量，生活废水排放量；b. 工业 COD 排放量，生活 COD 排放量；c. 工业氨氮排放量，生活氨氮排放量	环境统计上报系统数据、环境质量报告书
		a. 工业废气排放量，生活废气排放量（无权威统计）；b. 工业烟尘排放量，生活烟尘排放量（无权威统计）；c. 工业粉尘排放量；d. 工业氮氧化物排放量，生活氮氧化物排放量；e. 工业 SO_2 排放量，生活 SO_2 排放量（无权威统计）；f. 工业 CO_2 排放量（无权威统计），生活 CO_2 排放量（无权威统计）	环境统计上报系统数据、环境质量报告书（市级）
		a. 工业固体废物排放量；b. 生活垃圾排放量；c. 城市固体垃圾堆放点、面积及分布	环境统计上报系统数据、环境质量报告书；环卫规划

此外，还根据其具体情况，选择一些特色调查与评价指标，分析评估长株潭特征生态环境问题，具体见表 1-4。

表 1-4 长株潭城市群特征生态环境问题调查与评价指标

序号	特征生态环境问题	调查指标	评价指标
1	湘江干流氨氮严重超标	河流监测断面水质与级别；湖泊水质；河流和湖泊水功能与水质目标；工业和生活废水、COD 和氨氮排放量	河流 3 类水体以上的比例；主要湖库面积加权富营养化指数；单位 GDP COD 排放量；单位土地面积 COD 排放量；单位建设用地面积 COD 排放量*
2	湘江段底泥中的重金属大部分都超标	河道底泥重金属含量*	河道底泥重金属污染程度*
3	大气污染较重；严重的酸雨污染，属于典型的酸雨地区	各站点主要空气污染物浓度，包括 SO_2 浓度、NO_2 浓度、PM_{10} 浓度等；工业和生活废气、烟尘、粉尘、氮氧化物和 CO_2 排放量；酸雨频率及其空间分布特征；酸雨年均 pH 及其空间分布特征	空气质量达二级标准的天数；单位 GDP CO_2 排放量、单位 GDP SO_2 排放量；单位土地面积 CO_2 排放量、单位土地面积 SO_2 排放量、单位土地面积烟粉尘排放量；单位建设用地面积 SO_2 排放量*、单位建设用地面积烟粉尘排放量*；年均降雨 pH、酸雨年发生频率
4	土壤存在重金属污染	土壤重金属含量*	土壤污染程度
5	城市绿地分布不平衡，城区绿地面积严重不足	各类生态系统的面积、比例、斑块大小、多样性、斑块密度和连接度；生物量；植被类型、面积与分布	植被斑块密度、植被覆盖面积及其所占土地面积比例、植被单位面积生物量
6	存在较严重的水土流失等自然灾害	不同程度风蚀土壤侵蚀面积与分布；不同程度水蚀土壤侵蚀面积与分布	不同等级水土流失面积比例

注：带 * 的指标表示长株潭城市群评价的特征指标，其他为《全国生态环境十年变化（2000—2010）遥感调查与评估项目》城市专项的一般评价指标。

调查评估结果表明，长株潭城市群的主要生态环境问题表现为地表水、大气和土壤的污染问题，以及城市绿地面积和分布、水土流失等自然灾害频发等问题。

1.4.2 环境污染问题

根据调查分析结果可知 2000 ~ 2010 年的 10 年间，长株潭城市群的环境污染问题十分严重，主要表现为水体污染、大气污染及土壤环境污染。

（1）水体污染

湘江干流氨氮超标严重，氨氮污染主要集中在株洲、湘潭、长沙段，枯水期更为突出，严重危害到饮用水水源地水质。地表水重金属污染依然不容忽视，重金属（汞、镉、砷等）污染物在 2006 年前各断面有不同程度的超标，通过几年来对排污企业的废水治理，到 2007 年，除一个断面镉超标外，其余重金属未出现超标现象。但另一方面，根据有关监测点位结果，长株潭湘江段底泥中的重金属大部分都超标，可能造成某些时段或某些区段的地表水水质超标。

（2）大气污染

长株潭城市群三市城区及所辖县（市）SO_2 和 TSP 两项指标经常超标，污染面广，造成严重的酸雨污染。2007 年长沙市日空气污染指数（API）为 24～177，空气质量优良率为 82.74%，比前一年上升 6.03 个百分点，环境空气质量有所改善。城区环境空气质量为三级，未达到二类功能区质量标准要求，空气中污染物浓度一般表现为冬季高、春末及夏季低的特点。二氧化硫污染明显好转，大气颗粒物的污染状况略有改善，但距环境质量的全面达标尚有一定距离，二氧化硫和可吸入颗粒物仍是影响环境空气质量的主要污染物。2007 年大气降水 pH 年均值 3.99，酸雨频率为 91.85%，低于酸雨临界值（pH<5.6），且 pH 小于 4.5 的降水占 83.7%，酸雨污染严重，表现出硫酸型酸雨特征，二氧化硫是形成酸雨的主要污染物。2006 年株洲环境空气质量级别为三级，仍然处于污染较重水平。影响株洲环境空气质量的主要污染物仍为可吸入颗粒物，其次是二氧化硫。株洲环境空气污染受季节变化明显，以冬、春季污染最为严重，其次是秋季，夏季污染相对较轻。湘潭大气环境质量令人担忧，环境空气质量达标率仅为 45%，远低于建设小康社会规范纲要中达标率为 75% 的要求，降水 100% 是酸雨。大气中主要超标因子为 PM_{10}、SO_2 与 NO_x。除 SO_2 主要是因工业废气排放所致外，基建工地、道路扬尘及机动车尾气排放是主要原因。PM_{10} 为湘潭最主要污染物。施工管理不严格和车流量不断上升是造成湘潭空气中 PM_{10} 浓度超标的主要原因。NO_x 主要来自于机动车尾气的排放，NO_x 的污染系数稳中有升表明湘潭空气污染在向煤烟型和机动车尾气混合型方向发展。

（3）土壤环境

长株潭城市群表层土壤中 Cd、Hg、Pb 等元素有一定污染，它们的平均含量明显高于湖南省和全国背景值，株洲市表层土壤中 Cd、Hg、Pb 污染比湘潭市和长沙市严重。As、Zn、Cr、Ni、Cu 等重金属元素在三市表层土壤中污染较轻，略高于湖南省和全国背景值，株洲市的含量高于湘潭市和长沙市。长株潭城市群土壤由地表至深部，有害元素 Cd、Hg、Pb 平均值降低较多，其他元素变化较小，这说明长株潭城市群 0.2m 以上的表层土壤中 Cd、Hg、Pb 等重金属元素存在污染，而 2m 以下的土壤中基本无重金属元素污染。

1.4.3　主要生态问题

（1）城市绿地面积不足，且分布不平衡

根据《生态县、生态市、生态省建设指标》，城镇人均公共绿地面积要大于或等于 $12m^2$。而目前长沙市、株洲市、湘潭市城区绿化覆盖率分别为 26%、38.3%、38.14%，人均绿地分别为 6.04 m^2、8.05m^2、7.2m^2，明显低于生态市的建设指标要求。长株潭城市群绿地分布也不平衡，绝大部分位于城区边缘，如长沙市，岳麓山风景区和省森林植物园占了全市公共绿地的62%，而老城区绿地率在6%以下，差异较大。

（2）水土流失等自然灾害严重

据遥感普查资料统计，2004年长株潭城市群内水土流失面积为118.8 km²，占湖南省全省水土流失总面积的26.3%，高出全省平均水平近9%。其中剧烈侵蚀面积为44.1 km²，占流失面积的37.1%；强度侵蚀面积为24.4 km²，占流失面积的20.5%。从造成因素方面考虑，人为流失面积为89.7km²，占流失面积的75.5%；自然流失面积为29.1km²，占流失面积的24.5%。长株潭城市群处于洞庭湖区湘江尾闾，水情恶劣，地势低洼，百年一遇洪水位下面积占25.3%。尤其是沿河地面高程一般在30～33m，多年平均最高水位高出地面1～3m，易受洪水威胁和侵袭。现有的防洪治涝设施抗灾能力低，堤防工程不完善，未形成完全封闭的保护圈，已建堤防堤身矮小、标准低，且险堤、隐患未全部处理和清除，难以抗御较大的洪水。1950年以来，每到重灾年份，直接经济损失均在数千万元以上。其中，仅长沙市1994年损失为7.8亿元，1998年为18.6亿元。随着经济的发展和社会进步，洪灾可能造成的损失将更大，后果也更加严重。加之长期运行过程中遭受各种自然灾害的侵袭及地质作用和人为因素的影响，堤身遭到了不同程度的破坏，每逢汛期来临，总是险情不断，尤其在20世纪90年代几次大洪水期间，部分堤段更是险象环生。

综上所述，随着社会经济的迅速发展，长株潭城市群人口和城镇过于密集，环境生态压力沉重；大气污染较重，属于典型的酸雨区；人口稠密地区植被破坏较多，山地丘陵区水土流失加剧；工业"三废"污染相当严重；尽管水资源总量不少，但结构缺水问题较严重；湘江长株潭段污染严重，湘江干流岸边因工业水和城市生活污水而引起的重金属、微生物复合水质污染，直接影响各城市的饮用水源和工农业用水。

第 2 章 长株潭城市群城市化进程及其对生态环境的影响

城市化程度是一个国家经济发展，特别是工业发展的重要标志。目前，中国已进入城市化快速发展时期和新型城市化发展阶段。《2012 年社会蓝皮书》指出，2011 年中国城镇人口占总人口的比重，数千年来首次超过农业人口，达到 50% 以上。这是中国城市化发展史上具有里程碑意义的一年，标志着中国开始进入以城市社会为主的新成长阶段。继工业化、市场化之后，城市化成为推动中国经济社会发展的巨大引擎。2010 年起，中国开始实施新型城市化战略，实现人口、空间结构的两次转变，建设城乡平衡社会。城市化进程的加快，新型城市化发展战略的实施，对城市生态环境必将产生新的影响。

城市化进程必将对城市和周边郊区及农村生态环境产生多种多样的影响。本章主要以长株潭城市群为例，探讨城市群城市化发展的过程、城市化扩展的强度和特征以及城市化发展及扩展对城市生态环境的影响。选择相应的指标体系对长株潭城市群 2000～2010 年的生态环境质量、社会经济发展和城市建设等情况的变化进行调查，掌握长株潭社会经济发展历史趋势、城市群和长沙市市辖区城市化的状况、扩展过程、强度及其生态环境影响、生态环境质量时空变化规律等。

2.1 城市群的城市化进程

本节主要利用长株潭 2000 年、2005 年和 2010 年的遥感、土地利用和地面调查数据，分析和评价 2000～2010 年长株潭城市群土地城市化、经济城市化和人口城市化状况及变化，重点调查和分析城市化的状况、扩展过程和强度。

2.1.1 世界和中国城市化进程

城市化的涵义分为狭义和广义。狭义的城市化是指农业人口不断转变为非农业人口的过程。广义的城市化是社会经济变化过程，包括农业人口非农业化、城市人口规模不断扩张、城市用地不断向郊区扩展、城市数量不断增加以及城市社会、经济、技术变革进入乡村的过程。世界城市化的发展大致经历了三个阶段，即工业革命以前、工业社会时期和当代世界的城镇化。工业革命以前，城市数目少、规模小，城市人口比重小，增长缓慢，直到 1800 年，世界城市人口占总人口的比重才达 3%。工业革命后，由于农业劳动生产率的大幅度提高，以及第二、三产业在城市的发展和聚集，使原有城市规模不断扩大，新兴工商业城镇迅速增加，城市人口的比重迅速上升，城市化得到较快发展，到 1900 年，世界城市人口比重已上升到 10%。第二次世界大战以后，发达国家开始进入后工业社会阶段，发展中国家也加速了工业化进程，使得世界城市化发展的速度更快，到 2000 年，世界城市人口比重已达到 46.6%。目前，西方发达国家已处于成熟的城市化阶段，城市化水平一般都在 60% 以上，而广大发展中国家仍处于扩张型城市化阶段，城市数目与城市人口规模不断增长。由于自然条件、地理环境、总人口数量的差异和社会经济发展的不平衡，各国城市化的水平和速度相差很大。经济发达的工业化国家的城市化程度要远远高于经济比较落后的农业国家。1980 年，发达国家的城市人口比例平均为 70.9%，其中，美国为 77%，日本为 78.3%，联邦德国为 84.7%，英国为 90.8%，加拿大为 75.5%。而发展中国家的城市人口比例平均为 30.1%，其中不少国家低于 20%。2010 年，发达国家的城市化水平平均达到了 80% 左右，而中国的城市化水平为 47%。

中国的城市化没有一个渐进的过程，城市发展走的是一条十分曲折、反复的道路。从 19 世纪下半叶到 20 世纪中叶，由于受到世界列强的侵略以及受到军阀割据的困扰，中国城市化的发展十分不均衡，有些地区如上海，城市迅速扩张，而另一些地区则完全处在工业化的进程之外。新中国成立之前，除上海、武汉、天津等沿江靠海的港口城市外，全国大多数城市并没有现代化工业，城市化水平很低。新中国成立初期，中国的大城市寥寥无几，1949 年，在 132 个城市中 100 万人口以上城市仅有 10 个，占 7.6%。在 1949~1978 年的城市发展过程中，一方面，原有的城市规模在不断扩大，大中城市的数量不断增多；另一方面，在大中城市发展的同时，由于城乡的分隔、商品经济的萎缩，劳动密集的小型工业发展不足，新形成的小城市数量却不多，形成了城市结构头重脚轻的格局。小城市和小城镇的发展不足，成为城市化进程的严重障碍。改革开放以来，中国小城镇发展呈现新局面，小城镇数量迅速增长。1978 年全国仅有建制镇 2173 个，且以县城关镇和工矿镇为主。2008 年年末全国共有建制镇 19 234 个，比 1978 年增加 17 061 个。新建的建制镇大多由原乡建制发展而来，是分布广泛的乡村中心，并正在发展成为以农业服务、商贸旅游、工矿开发等多种产业为依托的、各具特色的新型小城镇。与农村工业化的发展相伴生的小城镇发展打破了城乡分割的体制，推动了中国城镇化发展。2008 年全国城镇人口达 6.07 亿人，城镇人口占总人口比重为 45.68%，比 1978 年提高了 28 个百分点。小城镇人口占城镇总人口的比重由 1978 年的 20% 上升到 45% 以上，2007 年全国建制镇建成区面积 2.8 万 km^2，人口密度 5459 人/km^2，小城镇聚集效应逐步显现。与此同时，以城市特别是以大城市发展为代表的，城市区域空间为主体发展的新格局日益显现，一些区域具有区位、资源和产业优势，已经达到了较高的城市化水平，形成了城市发展相对集中的城市群或都市圈，除原有的长江三角洲、珠江三角洲、京津冀、厦泉漳闽南三角地带外，山东半岛城市群、辽中南城市群、中原城市群、长江中游城市群、海峡西岸城市群、川渝城市群和关中城市群也开始初露端倪。在东部沿海地区密集的城市群，聚集的城市人口和经济总量已经成为中国的经济发展的核心。

新中国成立以来，中国城市化进程可以分为以下几个阶段：①1949~1957 年，是城市化起步发展时期；②1958~1965 年，是城市化的不稳定发展时期；③1966~1978 年，是城市化停滞发展时期；④1978 年至今，是城市化的稳定快速发展时期。由于中国城市化进程长期停滞，城市化率很低，虽然经过二十多年快速城市化发展，当前城市化仍然相对滞后。到 2009

年，中国的城镇人口按统计口径算，已经达到了 6.22 亿人，城镇化率提高到 46.59%，但与发达国家相比仍存在一定的差距。城市化水平对促进产业结构升级，促进服务业的发展并形成聚集效应的作用还不够明显，因而城市化水平对第三产业就业的影响能力也较弱。随着中国城市化进程的加速，城市病的危害也在增加，已经影响城市化进程的可持续发展。

从西方发达国家走过的历程来看，城市化进程总是伴随着工业化过程。工业化的本质是以人类智慧来提高人均能源消耗量。农业、制造业、运输业等大量使用能源提供动力的机器来替代原来人力与畜力做的工作，极大地提高了社会生产力。同时，人类对自然资源的开发利用和对环境的作用也产生了革命性的影响。工业化使流入城市的矿物原料、燃料、木材、食品等物资大大增加，其结果是使提供这些资源的非城市地区环境退化、资源耗损，而城市地区则被这些资源利用后的废弃物所污染，城市化、工业化已危及我们子孙后代的生存环境。因此，城市化和工业化在给人类带来巨大福利的同时，也使资源与环境问题更趋尖锐，并产生了一些新的、在多种尺度上都存在的环境问题。

在生态十年变化调查项目中，关于城市群的城市化进程调查评估指标主要是从土地城市化、经济城市化、人口城市化等三个方面进行，综合反映了城市化过程中土地利用的变化、人口的变迁和社会经济的发展状况等。

2.1.2 土地城市化进程

任何国家的城市化都要解决两个问题：土地和劳动力。从世界上大部分国家的城市化发展历程来看，尽管城市化的发展路径并不相同，但大多先是人的城市化，后是土地的城市化。中国的城市化模式却与之相反，城市化首先出现的是土地城市化，即大片的农业用地被改为建设用地；然后才是人口的城市化，即大量的农民工涌入城市，在城市工作、定居和生活。这是由中国独特的土地制度和户籍制度决定的。在现有的法律制度下，土地的城市化通过征地制度来实现。由于中国农村的土地都是集体所有，但集体所有的土地被限定于农业用途，要想将农村的土地变为城市的建设用地，必须通过土地征收来实现。因此，中国城市面积的扩张绝大部分情况是通过政府的行为来实现的。由于土地的扩展、产业的发展，需要的劳动力增加，才使得大量的农民进城务工，进而出现人口城市化的可能。又因为中国长久以来存在的城乡二元化户籍制度，城市的大部分外来人员难以解决户籍问题，也就难以真正成为城镇居民，流动性很强，这就导致人口的城市化进程在一段时期内滞后于土地城市化进程。

通常采用建成区面积及其占土地总面积比例来反映城市化进程。长株潭城市群的城市化化进程也基本与中国大部分城市和城市群的发展历程相近，土地城市化是整个城市化的带动因素。新中国成立后，湘江干流两岸长沙、湘潭、株洲三市建成区扩展变化见图 2-1。从图 2-1 可以直观地看到，新中国成立至今，长株潭城市建成区的面积和范围在急剧扩展，尤其是 20 世纪 90 年代至今的二十多年间，总体面积扩大了几十倍，已经沿湘江两岸连成一片。根据遥感数据和统计数据分析，可得到长株潭三市 2000 年、2005 年和 2010 年的土地总面积、市区面积和建成区面积（表 2-1）。

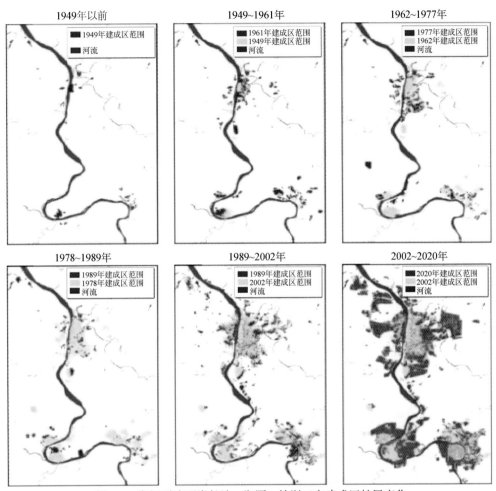

图 2-1　湘江干流两岸长沙、湘潭、株洲三市建成区扩展变化

表 2-1　土地总面积、市区面积和建成区面积

行政区	土地总面积/km²			市区面积/km²			建成区面积/km²			建成区面积占土地总面积比例/%		
	2000 年	2005 年	2010 年	2000 年	2005 年	2010 年	2000 年	2005 年	2010 年	2000 年	2005 年	2010 年
长沙市	11 815.96	11 815.96	11 815.96	556.33	556.33	954.55	128	146	272.39	1.08	1.24	2.31
株洲市	11 262.00	11 262.00	11 262.00	462.00	470.66	470.33	66.22	83.56	96.77	0.59	0.74	0.86
湘潭市	5015.00	5015.00	5015.00	278.77	278.77	418.00	54.16	67.2	73.38	1.08	1.34	1.46
长株潭	28 092.96	28 092.96	28 092.96	1297.1	1305.76	1842.88	248.38	296.76	442.54	0.88	1.06	1.58

表 2-1 表明，长株潭城市群的土地总面积在十年间没有变化，市区面积和建成区面积变化较大，尤其是 2005～2010 年，建成区面积增加迅速。长沙市的市区面积在 2001～2010 年没有变化，2010 年后因望城区的纳入，由原来的 556.33km² 增加到 2010 年的 954.55km²；建成区面积逐年增加，尤其是 2005～2010 年，几乎扩大了一倍。株洲市的市

区面积在 2001～2005 年略有增加，2005～2010 年几乎没有变化，但建成区呈现逐年稳定上升趋势。湘潭市的市区面积在 2001～2005 年没有变化，在 2005～2010 年增加迅速，建成区呈现逐年稳定上升趋势。在三个城市中，长沙的建成区面积增加最快，2010 年比 2001 年扩大了一倍多。从建成区面积占土地总面积比例看，长沙最大，2010 年超过 2.3%；株洲最小，2010 年为 0.86%。

2.1.3　经济城市化进程

没有产业支撑的城镇化是无源之水。因此，经济学上从工业化的角度来定义城市化，即认为城市化就是农村经济转化为城市化大生产的过程。城市化是工业化的必然结果。一方面，工业化加快农业生产的机械化水平、提高农业生产率，同时工业扩张为农村剩余劳动力提供了大量的就业机会；另一方面，农村的落后也会不利于城市地区的发展，从而影响整个国民经济的发展。衡量经济城市化的指标主要是国民生产总值和三次产业的比例，前者是从经济结构总量上，后者是从经济结构组成上来分别体现经济城市化水平。长株潭三个城市近期的经济发展状况如下。

根据长沙市 2010 年的统计年鉴可知：长沙市 2010 年实现地区生产总值 4500 亿元，全社会固定资产投资突破 3200 亿元，地方财政收入达 506.3 亿元，分别增长 15.5%、32%、27.2%。城镇居民人均可支配收入和农民人均纯收入分别达到 21 900 元和 11 367 元，增长 11.5% 和 20.5%。2010 年全部工业总产值突破 5000 亿元、增加值突破 2000 亿元。

参考株洲市 2011 年的统计年鉴有关数据可知：2011 年株洲全市 GDP 达到 1563.9 亿元，增长 14.1%；财政收入达到 175.4 亿元，增长 33.9%；实现全社会固定资产投资 849 亿元，增长 35.6%；城镇居民人均可支配收入达到 22 633 元，农民人均纯收入达到 9237 元，分别增长 14.6%、21.8%；2011 年各项数据增速较快，经济总量稳居全省第 5 位，而人均 GDP 达到约 40 562 元，按平均汇率计算约合 6280 美元，各项人均数据继续保持全省第 2 位，高于全国平均水平。下辖县市中，醴陵市经济增速创新高，跻身全国经济百强县，攸县稳居全省县域经济十强县。2011 年，株洲城区生产总值 800.3 亿元，增长 13.1%，占全市的比例为 51%；县域 763.6 亿元，增长 15.3%，占比为 49%。

参考湘潭市 2011 年的统计年鉴有关数据可知：2011 年湘潭全市地区生产总值达 1124.33 亿元，同比增长 14.4%。其中，第一产业增加值 102.56 亿元，增长 3.6%；第二产业增加值 668.65 亿元，增长 17.3%；第三产业增加值 353.12 亿元，增长 13.0%。产业结构优化升级。三次产业结构调整为 9.1∶59.5∶31.4，二、三产业比重较上年提高 1.6 个百分点。非公有制经济增加值占全市地区生产总值的比例为 56.9%，比上年提高 4.9 个百分点。全市全部工业增加值占地区生产总值的比例达 54.3%；工业对全市经济增长的贡献率为 62.4%。全年万元规模工业增加值能耗同比下降 12.1%。

参考长沙市统计年鉴（2001～2011 年）、株洲市统计年鉴（2001～2011 年）、湘潭市统计年鉴（2001～2011 年），可知长株潭三个城市及所辖区县在 2000～2010 年国内生产总值的变化，具体见图 2-2。

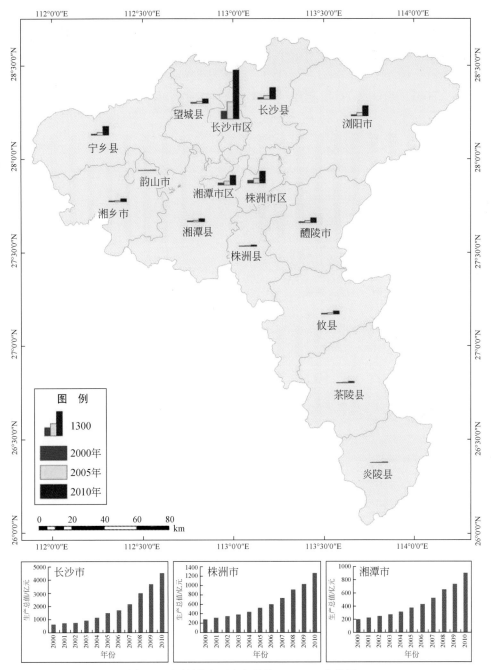

图 2-2　长株潭地区生产总值（GDP）变化图

由图 2-2 可以看出，2000～2010 年，长沙市、株洲市和湘潭市 GDP 基本呈现指数增长的趋势。2000～2005 年增长较为平稳，2005 年后增长较快。长沙市的 GDP 增长幅度最快，不考虑可变价，2010 年长沙市的 GDP 达到 2000 年的 5 倍，尤以长沙市区最为突出，这是因为长沙市作为湖南省会城市，是社会、经济、资源高地，因而地区生产总值增长较快；株洲市的 GDP 增长幅度也较大，2010 年全市的 GDP 是 2000 年的 4 倍左右；湘潭市 2005 年以后 GDP 增长幅度加大。三个城市相比，长沙市的 GDP 总量和增长幅度都是最高的，湘潭市的总量和增长幅度相对较小。

参考长沙市统计年鉴（2001~2011 年）、株洲市统计年鉴（2001~2011 年）、湘潭市统计年鉴（2001~2011 年），可获得三个城市三次产业占 GDP 的比例，见图 2-3。

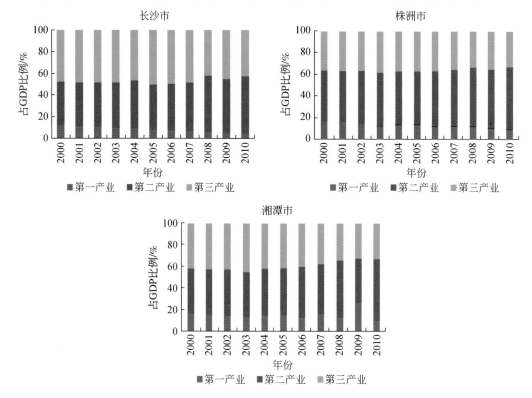

图 2-3　长株潭城市群三市的三次产业占 GDP 比例变化图

由图 2-3 可以看出，2000~2010 年的十年间，长沙市、株洲市和湘潭市三次产业占 GDP 的比例呈现波动趋势，第二产业所占比例最高，在 40% 以上；第一产业所占比例较低，低于 20%。三个城市相比，长沙市第一产业所占比例最低，低于 10%，且下降幅度较大；第三产业所占比例最高，在 45% 上下波动，但增长幅度不大；株洲市和湘潭市第一产业所占比例在各年度均高于 15%，其中前者呈下降趋势，后者变化不大。各年份第三产业所占比例基本低于 40%，十年间均呈现缓慢的下降趋势。三个城市第二产业占 GDP 的比例在十年间均呈现增长趋势。

2.1.4　人口城市化进程

人口城市化是指农业人口进入城市转变为非农业人口以及农村地区转变为城市地区所导致的变农业人口为非农业人口的过程，其实质应是人口经济活动的转移过程。世界上绝大部分国家的城市化进程都是人口城市化先行,进而带动土地城市化和经济城市化,而中国的发展模式正相反,这种反其道而行之的方式主要是由中国土地所有制和户籍制度所决定的。从城镇化人口数量及其比例的变化角度反映城市化水平,是我们常用的衡量城市化水平的指标。

参考长沙市统计年鉴(2001~2011年)、株洲市统计年鉴(2001~2011年)、湘潭市统计年鉴(2001~2011年),可获得长株潭总人口的变化,见图2-4。

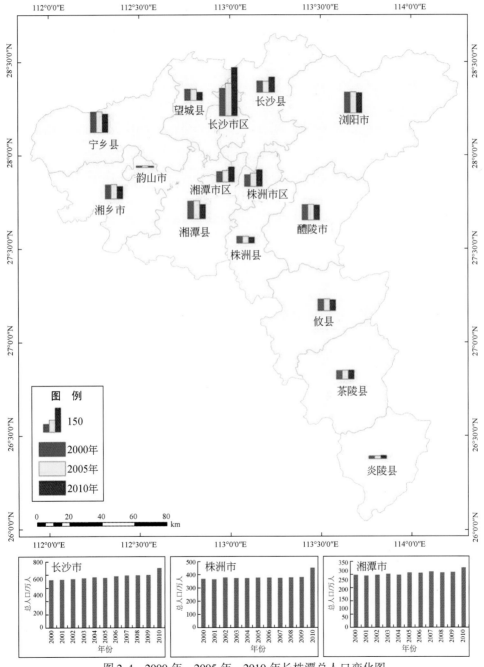

图2-4 2000年、2005年、2010年长株潭总人口变化图

如图 2-4 所示，2000~2010 年，长沙市、株洲市和湘潭市总人口都呈现略微增加趋势，但湘潭市 2010 年人口总数有所下降。其中，长沙市总人口增长幅度较大，这与长沙市是湖南省省会城市，聚集人口的功能较强有关。株洲市的总人口变化较平稳，期间增长幅度较小。湘潭市在 2004~2009 年间人口增长较快，但 2010 年人口数量有所下降，据了解，人口下降的原因主要是所属区县外出务工人员增加，导致行政区内总人口减少。从三个市所辖区县来看，市区总人口增长较快，而多数县（县级市）总人口呈现下降趋势，主要原因可能是市区社会、经济和就业资源丰富，具有积聚人口的功能，而县（县级市）农村人口外出务工人数较多有关。

参考长沙市统计年鉴（2001~2011 年）、株洲市统计年鉴（2001~2011 年）、湘潭市统计年鉴（2001~2011 年），可获得长沙、株洲、湘潭三个市非农业人口占总人口比例在十年间的变化趋势，见图 2-5。

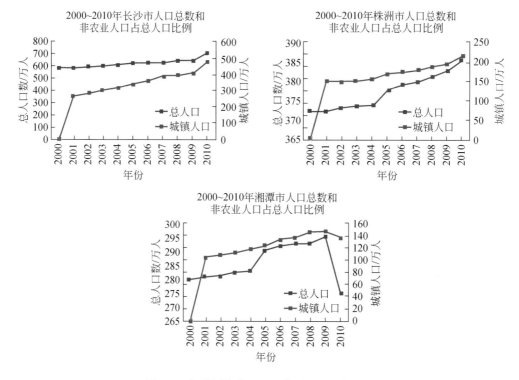

图 2-5　长株潭非农业人口占总人口比例变化

从图 2-5 中可以看出，2001~2010 年三个市非农业人口占总人口的比例呈现缓慢上升趋势，以长沙市增长幅度最大。2000~2010 年，非农业人口占总人口的比例在 2005~2010 年间比 2000~2004 年增长幅度快，这与近年来城市化进程加快有关。

2.2　城市化扩展强度和特征

城市化是世界上持续时间最长也最有力的发展趋势之一，中国也进入城市化快速发展，2015 年城市化水平已超过 50%。未来二十年，城市化仍是中国社会变迁的主旋律。据媒体报道，至 2030 年，中国将有 60% 以上的人口生活在城市里，中国经济发展的主要推动力量是城市化进程。作为城市化发展速度较快、水平较高的长株潭城市群，最近十年和今后的几十年，城市化都是或将成为社会经济发展的主要推动力。长株潭的城市化发展历程和我国整体历程有相似之处，但也有自己独特的特点。本节在分析世界和中国未来城市发展趋势呈现的几个特征基础上，从土地城市化、人口城市化和经济城市化等几方面来分析 2000～2010 年间的城市化扩展强度，再结合长株潭城市群城市化进程分析结果，总结长株潭城市群在 2000～2010 年城市化扩展的特征。

2.2.1　世界和中国未来城市发展趋势特征

在工业化、现代化、城市化日益加快的当代，世界已进入城市的世纪。与以往几百年甚至上千年城市的发展历程相比，未来世界的城市发展将呈现出更加鲜明的特色，将主要呈现以下特征。

2.2.1.1　城市化进程明显加快

在今后几十年间，城市化仍将是世界发展的一种趋势，世界城市化水平将继续提高，根据诺瑟姆的 "S" 型曲线规律，世界城市化水平目前为 50% 以上，正好处于加速发展阶段，发展中国家的城市化水平为 45%，也处于加速发展阶段，并且会大大快于发达国家。20 世纪初，15 亿人口居住在城市，占世界人口不到 10%；20 世纪末，全球城市人口达 30 多亿，增长了 20 倍，差不多占总人口比重的 1/2。根据联合国预测，1996～2030 年，世界城市人口年平均增长率为 1.97%，其中发达地区城市人口的年平均增长率为 0.41%，而发展中地区为 2.53%；到 2030 年，世界城市人口比重将达到 61.12%，其中发达地区城市人口的比重将达到 83.72%，发展中地区城市人口的比重将达到 57.30%。随着经济全球化的加速，世界城市化进程在不断加快。目前发达国家城市化水平已达到 80% 左右，其发展速度会有所趋缓，低于发展中国家的发展速度，但仍呈稳步上升之势。

2.2.1.2　世界中心城市主导经济的发展

随着世界经济一体化发展步伐的加快，世界经济的重心由制造业的生产转向服务领域，跨国公司在将其产品生产分布在世界各个角落的同时，建立起在国际中心城市严格的中央控制体系和网络服务体系以争取最好的规模效益，为这些公司服务的国际银行、金融机构的服务部门也云集在这里，这就使国际大都市或者国家中心城市在世界经济中的地位和作用越来越重要。处于世界城市格局顶层的城市逐渐成为国际贸易、金融、科技、信息和文化的中心（段霞，2002）。城市间的经济网络将会最终主宰全球经济命脉，使若干世界性的节点城市成为在空间权力上超越国家的实体，形成全球城市体系的格局（任远，2000）。

2.2.1.3 大都市连绵带是全球最具发展活力的地区

大都市连绵带是伴随工业化而出现的，主要分布在先进的工业化国家和地区。大都市连绵带首先出现在美国东部大西洋沿岸和五大湖南部各州以及欧洲国家。从20世纪70年代开始，在许多发展中国家，以及经济发达、工业化和城市化程度高的地区也出现了向大都市连绵带发展的倾向，大都市连绵带已是世界城市发展的一个趋势。美国的波士顿—华盛顿、芝加哥—匹兹堡、圣地亚哥—旧金山三个大都市连绵带是美国工业化和城市化水平最高、人口最稠密的地区，创造了美国财富的67%。英国伦敦—伯明翰—利物浦和曼彻斯特大城市集聚区，集中了英国4个主要大城市和10多个小城镇，是英国产业密集带和经济核心区；莱茵—鲁尔大城市集聚区是因工矿业发展起来的多中心集聚区，聚集了20多座城市，总人口1000多万，是欧洲工业中心。

2.2.1.4 形成多极、多层次世界城市网络体系

在信息社会里，城市的发展潜力取决于城市与全球其他城市的相互作用强度和协同作用强度。各城市按照它们参与经济全球化的程度，以及控制、协调和管理这个过程的程度，在国际城市等级体系中寻找自己的位置。因此，未来较小的城市也可通过联系网络，利用相互作用和相互协同，在特定的更新方式中靠专业优势来获得较大的发展活力。这种通过网络分享知识和技术的过程最终导致多极、多层次世界城市网络体系的形成（顾朝林等，2005）。在可预见的未来，全球将出现三大组团，即以伦敦、巴黎为首的欧洲组团，以纽约、洛杉矶为首的北美组团和以东京为首的亚洲组团（顾朝林，2000）。在各自的组团中，又存在着一系列层次不同、规模各异、功能有别的国际性城市，共同构成未来世界城市体系的网络结构。

有关研究报告显示，在未来几十年，中国的城市将形成一些新格局，主要表现在：①东西部地区经济差距继续扩大，人均收入差距可望缩小；②长江三角洲、珠江三角洲和京津冀三大城市群将继续主导中国经济发展；③一大批中等城市成长为大城市，新的城市群不断涌现；④一些重要的交通干线周围或目前发展势头良好的区域可望崛起，如京广线中段和长江中游地区；⑤经济重心有北移的趋势。今后一段时间，中国的城市总体发展趋势将呈现以下几种趋势。

（1）国际化

随着经济的发展与改革开放的深入，中国的城市与世界交往日渐频繁，城市发展的国际性因素逐年增多，中国的一些特大城市将发展成为国际化大都市。

（2）连绵化

城市连绵化是指一个区域内中心城市规模的迅速扩大和城市数量迅速增加，从而形成城市密集区的过程。中国的主要城市集聚在长江三角洲、珠江三角洲、京津冀、辽中南地

区等，现已形成了城市连绵化的基本框架，其内部发达的交通通讯网络、城市间密切的经济联系、优越的地理区位、集中的智力资源、一定规模的高新技术产业，使这些地区将迅速实现连绵化。

（3）生态化

城市自身发展孕育了城市现代文明，促进了经济文化和科技的发展，并改变了人们的传统生活观念；与此同时，也造成空气污染、噪声污染、交通拥挤、用地用水短缺等一系列环境问题。"十七大"生态文明建设理念和任务的提出，使得城市的发展将走向生态化的道路，生态环境质量日益提高，更适宜人们的工作和生活。

（4）现代化

城市化本身意味着现代化。产业现代化、基础设施现代化和人民生活现代化是城市现代化的基本内容。未来几十年，迅速发展的第三产业将迅速取代第二产业成为城市的主导产业。科技进步将是发展中国家的城市超越其经济、技术鸿沟，追赶发达国家城市的动力与源泉，依靠科技进步来改造城市，调整与优化产业结构，发展高新技术和资本密集型产业，推动城市转型与升级，是中国城市增强国际竞争力和实现现代化目标的关键。科技的进步、信息产业的发展，将改变传统的产业模式与管理模式，使城市经济从倚重自然资源和制造业转向倚重高新技术、信息资源和服务业。

2.2.2 长株潭城市群城市化强度分析

采用表征城市化进程的土地城市化、人口城市化和经济城市化相应的评价指标在2000~2010年间的变化来分析城市化扩展的强度，再结合长株潭城市群城市化进程分析结果，总结长株潭城市群在2000~2010年城市化扩展的特征。

从土地城市化、经济城市化、人口城市化三个方面评价城市群的城市化强度。表征长株潭城市化强度的指标见表2-2。

表2-2 长株潭城市化强度

年份	土地城市化		经济城市化/%			人口城市化/%
	建成区面积/km²	建成区土地面积比例/%	第一产业比例	第二产业比例	第三产业比例	
2000	248.38	0.88	13.52	42.72	43.76	40.48
2005	296.76	1.06	9.98	44.33	45.69	48.65
2010	442.54	1.58	6.28	54.31	39.41	60.69
2000~2005变动	48.38	0.18	3.54	1.61	1.93	8.17
2005~2010变动	145.78	0.52	-3.70	9.98	-6.28	12.04
2000~2010变动	194.16	0.70	-7.24	11.59	-4.35	20.21

由表2-2可以看出，2000~2010年，长株潭的城市化强度在逐年加强，2000~2005年建成区面积占土地面积比例变化值只有0.18，而2005~2010年的变动值达到0.52，远远

高于前五年的变动，人口城市化也显示了这种趋势，2000 年的人口城市化率只有40.48%，到 2005 年增长到 48.65%，年均增长 1.63%，而到 2010 年，人口城市化率达到60.69%，2005～2010 年年均增长率达到了 2.41%，远远高于前五年的年均增长率。从经济城市化来看，长株潭城市群第一产业产值比例呈现明显的下降趋势，第二产业产值比例呈现快速上升趋势，第三产业产值比例呈现波动状态。

2.2.3 城市化特征

与其他城市群类似，长株潭城市群的城市化发展也经历了一个从小到大不断发展的过程，2007 年被批准为全国资源节约型和环境友好型社会建设综合配套改革试验区之后，长株潭城市群一体化成为中部六省城市中全国城市群建设的先行者。但同时，长株潭城市群有自己的特色，如多中心的网络城市、老工业基地、三个城市的基础比较好且联系比较紧密等。从城市化角度，结合前面的分析可以看出，长株潭城市群在 2000～2010 年的城市化呈现出如下几个特点。

1）城市化进程总体上是渐进式的推进，后五年的城市化速度快于前五年。新中国成立后，中国的城市化经历了几个波动的时期后，在 20 世纪 90 年代中后期进入快速发展期，进入"十二五"后，还将面临如何走新型城市化发展问题。目前，中国的城市化水平达到 50%（主要是指人口城市化），基本以每年 0.8%～1.0%速度递增。从某方面说，长株潭城市群的城市化发展之路是中国城市化发展的一个缩影。2000～2010 年是从快速发展期向新型城市化的过渡，城市化进程总体上是渐进式的快速推进趋势。从土地城市化的进程看，建成区面积和建成区占土地总面积比例都在逐年增大，城市人口所占比例也在逐年增加，其中 2/3 都是城市人口自然增长，由农村转移到城市的人口（机械增长）约占 1/3，这与中国整体的城市化进程类似。而经济城市化中也呈现出二次和三次产业所占比例逐年增大的趋势。这都说明了城市化进程是渐进式的向前推进。如果将十年的变化分为两个五年期看，2006～2010 年的城市化进程速度明显快于 2000～2005 年，无论是建成区面积比例和城市人口比例，还是二次产业和三次产业所占的比例都说明了这一点。

2）土地城市化快于人口城市化，说明城市面积扩张过快。中国正处于城市化高速发展时期，各项城市建设蓬勃发展，城市规模急剧扩张，土地是城乡发展空间扩张的首要载体，中国虽然土地资源总量丰富，但人均较为匮乏。"十一五"时期，是中国全面建设小康社会的关键时期，工业化、城镇化、市场化和国际化步伐加快，中国进入资源消耗快速增长阶段。由于土地供给总量制约，城镇发展用地依靠征用耕地作为空间增量用地的方式已达底线，土地供需矛盾尖锐，成为国民经济健康发展的瓶颈制约，保护耕地和节约集约利用土地的任务非常艰巨。在中国城市（镇）化发展进程中，必须处理好城市发展与耕地保护和土地资源持续利用之间的关系。长株潭城市群的城市化进程也是以土地城市化扩张最为显著。2010 年与 2000 年相比，建成区面积增加了近 80%，人口增加了 50% 左右，城市面积扩展的速度明显高于城市人口增加的速度。这说明了长株潭城市面积扩张过快，有"摊大饼"扩张之嫌。今后应该走内涵挖潜、低碳紧凑型发展之路，在城市化过程中，提高节地、节能、节水水平。

3）第二产业所占比例增加较快，第三产业所占比例波动。一般认为，工业化的不断深入发展加快了城市化的步伐，而随着城市化进程的不断深化、物质资料的不断积累，第一产业产值逐渐下降，第二产业发展到一定阶段后增长稳定或逐渐停滞，第三产业产值快速增长且在国民经济中的作用日益显赫，由此，城市化的动力机制由工业化转向高服务化（王峰和廖进中，2009）。城市规模受产业结构的影响，即在其他条件不变的情况下，如果资本积累一定，第二产业投资比重越高，城市最优规模容量就越小；第三产业投资比重越高，城市最优规模容量就越大（陈甬军和陈爱民，2002）。目前，发达国家或地区的经济结构中，第三产业增加值占城市居民生产总值的比例一般为60%~70%，而中国这个比例只有40%左右（根据2010年中国统计年鉴计算）。2000年，长株潭的第三产业比例已经达到43.76%，2005年增加到45.69%，超过中国平均水平。但到2010年，第三产业比例却下降到39.41%，与此同时，第二产业比例在十年间都呈现增大趋势，2010年更是超过了50%，这说明长株潭城市群经济城市化有向工业化倾斜的趋势，这种趋势不利于城市化进程的良性发展，在一定程度上限制了城市规模容量的扩大。

4）三个城市的城市化进程不尽相同。从三个城市十年间的城市化发展历程来看，长沙市的土地城市化、人口城市化水平都是最高的，第三产业所占比例也最高。湘潭相对于其他两个城市，土地城市化、人口城市化和第三产业所占比例都普遍偏低。长沙市的土地建成区面积比例和城镇人口占总人口比例的变化远高于另外两个城市，这是由于长沙市是省会城市，资源配置优势突出，建设用地需求较大，且具有显著的吸引外来人口的集聚作用。

2.3 城市化进程和扩张对生态环境的影响评估

城市化的快速推进，在带来经济的高速发展、基础设施建设有效改善、人民物质生活水平大大提高的同时，也对城市生态环境造成巨大的压力，产生了一系列的环境问题。目前，城市化进程对生态环境的影响成了人们关注的焦点，也是许多专家学者研究的热点。城市化进程和扩张对生态环境的影响反映在多个方面，如对大气、水、土壤等生态环境质量的影响，造成环境污染，导致水、土资源和能源的短缺等，使得生物多样性锐减、改变区域的景观格局等。本节在分析总结国内对城市化进程和扩展对生态环境影响研究现状基础上，结合长株潭城市群城市化过程和特点，分别分析土地城市化、经济城市化和人口城市化进程对生态环境的影响。

2.3.1 城市化进程和扩展对生态环境影响研究现状

关于城市化进程对生态环境影响的研究，近年来专家学者们都做了大量的研究。总结近年来的研究成果，城市化进程和扩张对自然地理环境和生态环境的影响评估可归纳如下，具体见表2-3和表2-4。

表 2-3　城市化进程对自然地理环境的影响评估

自然地理环境要素	对自然地理环境的影响	评价结论
地形	对原来的地形进行改造，使之趋向平坦或起伏更大（如摩天大楼）	容易造成水土流失、滑坡、泥石等地质灾害
气候	强烈改变了下垫面的原有性质，使气温、降水等要素发生变化，使城市产生热岛效应，也影响了日照、风速和风向	形成城市热岛效应，将城市大气污染带到郊区，也将郊区大气污染带到城区，扩大了污染物的污染范围，加快了净化速度
水文	市政建设破坏了原有的河网系统，使城区水系出现紊乱，也使降水、蒸发、径流出现再分配	易使城市在暴雨时排水不畅，造成地面积水，也使水质、水量和地下水运动出现变化；过量抽取地下水导致地面沉降
生态	城市的生产生活污染、交通工具、尤其是工业"三废"，破坏了所在地区的环境生态，也影响了生物的多样性	城市生态系统成为一个脆弱的系统。城市是人类对自然地理环境影响和改变最大的地方

表 2-4　城市化进程对城市生态环境的影响评估

研究领域		主要研究内容	主要研究计划或代表人物
全球环境变化		城市化与全球变化相互关系及相互作用机制的研究（李海帆等，2008；IHDP，2005；BONN，2008）。全球环境变化海岸带城市地区人类安全的影响（IHDP，2007），城市化过程中的碳管理与清洁空气问题，城市景观格局与全球环境变化问题，发展中城市建模、全球环境变化与政策制定问题，全球城市及其脆弱性问题及中国的城市化研究等（IHDP，2006）	科学计划—城市化与全球环境变化（UGEC）（国际全球环境变化人文因素计划，简称 IHDP 的核心研究计划之一）；IHDP 的发展战略规划（IHDP，2008）
环境	水环境	对城市水环境质量的影响 对城市降雨和下渗的影响	戴祥（2002）
	大气环境	对城市大气环境质量的影响 大气环境效应 大气污染状况	张惠远等（2006） 刘海滨（2002） 徐祥德等（2002）
资源和能源	土地资源	城市化对土地占用的影响 城市化过程对土壤资源的质与量 城市化对土地覆盖变化的影响	张敬淦（2008） 黄金川和方创琳（2003） 李桂林等（2008），李伟峰等（2005）
	水资源	城市化对下垫面水文系统的影响 城市化对河网水系的影响 对水资源安全的影响	张学真（2005），王玉成等（2008） 陈德超等（2002） 夏军等（2002）
	能源资源	能源供给和消费	焦文献等（2012）

研究领域		主要研究内容	主要研究计划或代表人物
生态系统	生物多样性	生物多样性及其变化的影响	李俊生等（2005），Shen 等（2008）
	生态景观及生态效应	生态景观格局及其演变 土地利用格局 生态效应或响应	陶海燕等（2007） 宋治清等（2004） 袁艺（2003）
	热效应	城市化及土地利用变化的热环境效应 城市化进程的热岛效应 城市化对区域温度变化的影响	岳文泽等（2007） 季崇萍等（2006） 谢志清等（2007）

2.3.2 土地城市化进程对生态环境的影响

土地利用变化对环境的影响是多方面的，它是影响土地质量、水资源状况、区域气候变化、生物地球化学循环、生态系统稳定性及自然灾害的主要因素（Gunton and Fletcher, 1992；张凤荣等，2000）。土地利用对环境的影响具有双面性，有些是正面的，有利于生态环境的改善，促进人类自身的发展。这些有利的土地利用包括农业基础设施的修建和维护，中低产田的改造，退耕还林还牧，科学合理的土地开发、复垦、整理、整治，自然保护区的建设和管理等。大部分的环境影响是负面的，一方面使环境恶化，生态破坏，另一方面不利于人类的生活和健康。模式、规模，如农业机械化、耕作制度、农田管理和经营方式的现代化致使土壤中有机质含量下降，同时化肥农药使用量的加大不仅改变了土地的自然属性，还常常导致土壤板结、土地退化甚至污染土壤和地下水；城市建设用地的规模、结构、开发程度的差异会对环境产生相应的影响。土地利用改变了地表下垫面的性质，如地表反射率、粗糙度、植被叶面积指数等，从而改变土地生态系统的能量流动、物质循环，打破力的平衡（唐华俊等，2000；史培军等，2004）。随着土地利用范围的扩大和强度的增加，会增加对水资源的需求量，同时有研究表明，一个流域内部各种土地利用/覆盖类型比例的变化是造成河流水质发生变化的主要原因，与此同时，区域土地利用强度和格局的变化与生物多样性、食物（尤其是粮食）安全、水资源安全、土地资源安全密切相关。建设用地（包括工业仓储用地、工矿用地、交通用地、居民点用地、水利建设用地等）会不同程度地对环境造成负面影响（图2-6）。

2.3.2.1 对气候和大气的影响

气候大气科学研究已经证实：土地覆盖变化、土地表面的水泥化、土地表面构筑物的建造、大型水利工程用途的土地利用都会对气候大气产生影响，造成局地小气候、碳—氧平衡变化，乃至全球气候变化。在各类土地利用方式中尤以城市建设用地对气候和大气的影响最为突出。

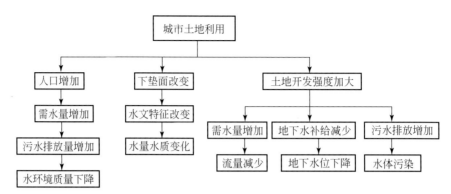

图 2-6　城市建设用地对水环境的影响机理

（1）对区域小气候的"五岛"效应

许多研究一再证实，区域气候尤其是城市小气候明显受到人类土地利用行为的影响。城市建筑物一些近地面的城市覆盖层的气候变化受人类活动的影响最大，影响的程度与城市土地利用规划布局，建筑物密度、高度、形状，街道宽度、走向，建筑材料，空气污染程度等因素有关。一些学者根据城市气候的特征将土地利用对城市小气候的影响归纳为"五岛效应"，即热岛效应、干岛效应、混浊岛效应、湿岛效应及雨岛效应。

"热岛效应"与人口活动密度大、产业集中密集，生产、生活、交通排放的人工热量大有关，还与城市下垫面的改变有关。城市采用的路面铺设及建筑材料一般为混凝土、石子、砖瓦、水泥、沥青、金属等，这些材料的采热率和热容量比自然土壤高，加上建筑物密集、吸热面贮热体多，同时下垫面的反射率较郊区和农村小，影响城区热量的净辐射，使得城区的温度比周围的郊区和广大的农村高。城市热岛效应引起了城乡之间的局地环流，使四周的空气向城市中心辐合。在气象学近地面大气等温线图上，郊外的广阔地区气温变化很小，如同一个平静的海面，而城区则是一个明显的高温区，如同突出海面的岛屿。

城市气候的"干岛效应"和"湿岛效应"一般是相伴而生的，在市区及其邻近区域，白昼呈现湿度较小的干岛、夜间呈现湿度较大的湿岛特征。这种现象的形成既与土地下垫面物理化学性质的改变有关，又与天气条件密切相关。城市铺就的人工下垫面造成地面结构紧实坚硬，透水性和吸水性变差，容易形成地表径流，由于下垫面粗糙度大又有热岛效应，其机械湍流和热力湍流都比郊区强。通过湍流的垂直交换，城区低层水汽向上层空气的输送量又比郊区多，这两者都导致城区近地面的水汽压小于郊区，使得地面蒸发量减小，空气湿度低于郊区和农村，出现所谓"干岛"现象。到了夜晚，风速减小，空气层结构稳定，郊区气温下降快，饱和水汽压减低，有大量水汽在地表凝结成露水，存留于低层空气中的水汽量少，水汽压迅速降低，城区因有热岛效应，其凝露量远比郊区少，夜晚湍流弱，与上层空气间的水汽交换量小，城区近地面的水汽压仍高于郊区，出现"城市湿岛"。但从实测的相对湿度来看，基本上都是市区小于郊区，即使在水汽压出现湿岛的那一段时间内亦是如此。

城市土地利用过程也是污染物源源排放过程。一般来说，土地利用的强度越大，排放污染物数量越多。排放到大气中的污染物含有许多细小的飘尘，这些小颗粒会减弱太阳的辐射，降低城市的能见度，同时，大气中细小颗粒物的增加容易聚集空气中的水滴形成烟雾。此外，大气中的化学污染物产生光化学反应，易生成有毒的光化学烟雾，也在一定程度上影响太阳辐射，这就容易产生城市气候的"混浊岛效应"。

关于建设用地的城市化集中分布对降水的影响问题，一直存在较多争议。1971～1975年美国曾在中部平原密苏里州的圣路易斯城及其附近郊区设置了稠密的雨量观测网，运用先进技术进行持续 5 年的大城市气象观测实验，证实了建设用地的城市化集中分布区及其下风方向确有促使城区降水增多的效应，称之为"雨岛效应"。中国也曾应用上海地区附近的 170 多个雨量观测站点，结合天气形势，进行众多个例分析和分类统计，发现上海城市对降水的影响以汛期（5～9 月）暴雨比较明显，在上海近 30 年汛期降水分布图上，城区的降水量明显高于郊区，呈现出清晰的城市雨岛。一般认为，形成"雨岛效应"的主要原因：一是城市的热岛效应利于产生热力对流，容易形成对流性降水；二是城市高低参差不齐的建筑物不仅能引起机械湍流，还利于低云的形成，而且可使移动性降水系统移速减慢导致城区降水、温度提高，雨时增长；三是城市空气中凝结核多，促进暖云降水（史培军和潘耀忠，1999）。

（2）对大气环境的影响

城市土地利用要不可避免地向大气排放污染物，这些污染物积聚到一定浓度，在一定的风力条件下就又可能造成大气环境污染。

目前，土地利用的气体释放量占全球温室气体释放总量超过 1/3 的以及大约 3/4 的甲烷释放总量。土地利用主要是通过改变全球温室气体，如二氧化碳、甲烷的收支平衡（主要表现对温室气体增加的净贡献），来影响即加剧温室效应的。土地利用造成的温室气体增加主要来自森林的过度采伐，城市建设及城市工业和农业生产活动。

城市土地利用改变了地表下垫面，从而影响地面热状况，地面是大气的主要加热源，地面热状况的变化必将导致大气原来热量分布平衡及气压分布的破坏。这样，土地利用首先就在地方尺度上影响了能量平衡。此外，土地表面植被覆盖的变化对蒸发作用甚至对成云致雨都有影响。因此，根据不同的尺度范围，土地利用的变化可以影响到全球的能量平衡并至少在地方尺度上影响到水分的分布（赵晶，2004）。建设和发展生态城市能有效减轻土地利用对城市气候的热岛、混浊岛、湿岛等不良影响。合理的城市规划布局可以减少城区大气污染物的排放，改变近地面气象条件和地理条件，加快污染物的稀释扩散，降低对大气环境的污染。例如，通过增加绿地面积可以提高净化空气、吸尘降浊、调节空气湿度的作用（陈自新和苏雪痕，1998）。研究结果表明：在夏季，1hm^{2}绿地每天可从环境中吸收 81.8MJ 的热量，相当于 189 台空调机全天候工作的制冷效果，绿化状况好的地区的气温，比没有绿化地区的气温要低 3～5℃；有学者对上海市的测算也表明，夏季中心城区气温高于周围郊县 2～3℃。城市绿化覆被率每增加 1 个百分点，夏季高温季节可降温 0.10℃（张浩和王祥荣，2003）。增加地面透水路面的铺设，可以降低地面径流速率，改善地面蒸发条件，增大渗透量，缓解"干岛"和"热岛"效应。

生态城市的建设和发展有利于减轻或部分消除土地利用对大气和气候的不利影响，当然要真正发挥作用还要通过合理的规划调控手段来指导实施。

2.3.2.2 对水资源安全的影响

水是自然生态系统重要的组成要素，也是一切生命赖以生存和人类生活、生产不可或缺的物质基础。区域水环境是指区域所在的地球表层空间中水圈里所有的水体、水中溶解物、悬浮物的总称。

水是中国社会经济发展不可缺少的重要资源，但目前中国的水资源状况不容乐观。中国总的淡水资源储量为2.8万亿m^3，人均2300m^3，只是世界平均水平的1/4。水资源在地区上分布极不均匀，约有80%以上分布在长江流域及其以南地区，它与人口、耕地资源的分布不相匹配，南方水多、人多、耕地少，北方水少、人多、耕地多。中国缺水状况十分严重，尤其是北方城市，北方有9个省（自治区、直辖市）人均水资源占有量少于500m^3，水的供需矛盾十分突出。南方地区虽然水资源储量较丰沛，但由于工农业生产造成水体污染加剧，许多水体已不能用于生活生产，一些城市出现水质型缺水现象。

土地利用对水资源的影响是多方面的，表现在水资源总量、水域面积、水文特征、水环境质量等各个方面。同时，不同的土地利用方式和类型对水环境的影响又有很大的差别。本章着重分析农业用地和建设用地对水环境的影响效应。

城市的土地开发利用对水环境的影响基本上是不利的。城市下垫面由农田或自然状态下的植被覆盖变为不透水的地面，改变了地表特征，同时改变了水的时空分布、水的理化性质、水分循环等水环境的水文特征。随着城市土地开发利用强度的加大，对水的需求量大大增加，造成水资源紧张。城市的各项生产生活产生大量的工业污水和生活废水，有些未经处理或处理不达标就直接排放到水体中，导致水体被污染；即使达标排放的废水，如果其排放量超出城市水环境容量范围，也会造成水环境质量下降。有研究表明，建设用地大规模集中后，单位过程线的洪峰流量约为建设占用前的3倍，且洪峰与洪峰之间的时间大为缩短（王根绪等，2005），径流量的加大会把降落在建筑物表面和地面上的污染物冲刷汇集起来，洪水中水污染物浓度大为提高，加重了地表水污染程度。不同建设用地类型，其地表雨水径流中污染物含量及存在形式不同，其中商业用地雨水径流中污染物含量最高（王彦红等，2006），其次是工业用地，再次是居住用地。

城镇建设用地的开发利用和集中还影响到地下水的补给，影响地下水水量、水质。城镇建设用地地表的水泥化、硬化减少了地下水的降雨入渗补给，工业、商业、住宅等建设用地和农业用地不仅对地下水补给产生影响，而且可能造成地下水的超采，导致地下水资源衰竭。此外，矿业开发活动用地将导致地质体系统中地下水系统的变化（徐军祥和徐品，2003），导致地下水位下降，地面变形塌陷。土地利用过程中产生的工业"三废"可能会直接或间接地污染地下水。

2.3.2.3 对土壤的影响

自然界的土壤是地壳表层的岩石经过长期的地质年代风化和淋溶过程逐步形成的。地球上现存的原始状态的土壤已不多，大部分经过人工改造或改良。渗透了人类劳动的土壤与自然生态系统中的土壤在组成成分、理化性质方面已大不相同。

土地利用的开发活动和土地利用结构的调整会对土壤产生显著的影响。土地开发行动对土壤的影响是双向的，如科学合理的土地开发、整理、复垦将改变土壤表土的性状和土壤生物的种群结构，有利于土壤的熟化；土地的整治会遏制土地的退化，利于土地的生态恢复；但过度的开发行动又会造成相反的结果，如围湖造田、毁林造田等会带来生态环境的恶化。土地利用结构的调整也具有同样的环境效应，土地利用及其类型的变化会引起许多自然现象和生态过程的变化，加快土壤侵蚀、土壤微生物量和土壤养分的变化等，从而导致土壤发生过程和土壤性质发生改变。

城乡建设的土地利用方式对土壤环境的影响最为显著。建设利用过程中对土壤水泥化、硬化处理以及构筑各种工程设施一般都会改变土壤的物理性状、污染土壤，更重要的是土地的建设利用损毁了土壤的生物生产功能。最为明显的效应是导致了土壤物理和化学性质的改变。有关研究表明，由于人为的不断压实，农舍和工业厂房的土层厚度分别比耕地减少了18cm和22cm。相应地，土壤孔隙率各下降了9.0%和13.6%，土壤容重分别增加了361kg/m^{3}和401kg/m^3。由于人为作用，农舍和工业厂房用地的土壤有机质比耕地的土壤有机质分别下降了约0.52%和0.64%（王丽娟，2004）。土地利用对土壤的负面影响主要表现在土壤的退化和土壤的污染两个方面。

（1）土壤退化

由于人们长期掠夺式的利用和经营以及粗放式和不合理的管理导致土壤肥力衰退，土壤沙化、荒漠化、次生盐碱化和严重的水土流失，总称为土壤的退化。

1）土壤的沙化、荒漠化。这种土壤退化主要出现在中国西北干旱、半干旱地区。造成的原因：一是大面积开垦草原，二是超载放牧。大面积的草原被开垦后，使得表层土壤暴露于干旱多风的环境中，这一环境的变化将引起土壤肥力流失、结构变坏、通透性降低和土壤板结等，长此以往形成荒漠化土地。据统计，中国草原每年沙化面积达130多万hm^2，仅鄂尔多斯高原从20世纪80年代末至今的十多年间，沙化面积已经近100万hm^2。超载放牧不但影响草原土壤养分的积累，还会因过度放牧践踏造成草原土壤板结、通透性降低，降低土壤的生产力；同时畜群过量地啃食容易使草根暴露，影响牧草的再生能力、地表覆盖的降低，进而引发土壤沙化和荒漠化。

2）水土流失。据粗略统计，全国的水土流失面积已达150万km^{2}以上，其中，西北黄土高原的水土流失面积为50万km^2，南方丘陵红壤区约40万km^2，其他地区60多万km^2。仅黄河、长江每年输出的泥沙量就在50亿t以上，占全球总量的1/5，中国因水土流失每年损失的N、P、K等营养元素相当于全国使用化肥总量的含量。一般认为造成水土流失的原因主要是森林的减少和破坏，以及草原的过度开垦、围湖造田等不合理的土地开发利用行为，却往往忽略城市建设对土壤的侵蚀。自然覆盖的土壤被开发为城市建设用地后，改变了地表形态和地貌类型，暴露的土壤容易引发土壤侵蚀、塌方和滑坡。研究发现，城市化建设期平均土壤侵蚀率是农田的10～350倍（平均180倍），是森林的1500倍，每建设一千米长的公路，其土壤侵蚀量每年为450～500t。建设用地如果布置在易产生土壤侵蚀的部位或者在生物生产力高的优质土壤分布区，对环境和土壤的破坏更大。

（2）土壤污染

工业生产对土壤的污染途径及污染的效应是多方面的。一些冶炼和建材企业产生的 SO_2、有害粉尘颗粒等通过大气扩散等途径进入农田，使农作物减产；小型重污染企业排放的工业废水未经处理直接排到附近的水体和土壤，污染农田；SO_2 等大气污染物引起的酸雨或排放的含有大量酸性物质的污水进入土壤可导致土壤酸化；采矿、冶金、电镀、化工等行业的废水和废气排放到农田或用被这些工业废水污染的水灌溉均可引起土壤的重金属污染；除此之外，工业污染物中含有大量的有机磷、有机氯等有机污染物，可能造成土壤的有机污染。

乡镇企业对土壤的污染不容忽视，由于这些企业污染处理设施不配套、管理不善、环保观念淡漠等原因，使大量的污染物通过不同的方式进入土地。这些污染物在土壤中淀积，破坏土壤结构，改变生物种群结构，一旦超出土壤自我调节的阈值，就有可能引起土地生态失衡。

2.3.2.4 对粮食安全的影响

概括地说，农产品安全问题的关键是农业环境质量的优化与控制。农业环境质量包括土、水、气的质量，是支配农产品安全的重要因素。由以上分析可看出，土地利用变化对农业环境质量有较显著的影响，所以粮食安全也不可避免地受到土地利用变化的影响。粮食安全应该蕴含粮食供给量是否充足、粮食的可得性、粮食的品质是否有利于人体健康三个方面的内涵。

人均消费热量的80%以上和蛋白质的75%以上取自耕地提供的粮食，中国的粮食问题归根结底是人口与耕地的问题。据测算，在人均占有400kg粮食的标准下，中国现有粮食需求量为5200亿kg以上，按人均粮食500kg标准，则粮食需求量为6500亿kg以上，而粮食产量近几年保持在4500亿kg左右，尚有700亿~2000亿kg的缺口，每年人口净增量为1600万人，所需粮食产量需增加64亿~80亿kg。同时，随着人们生活水平的提高，对肉食的需求量大增，所需的饲料量在增加，工业发展对农产品原料和工业用粮也在逐年增加。人均耕地的逐年减少使本已紧张的粮食供给更趋于尖锐化。

粮食品质的安全性关系到人类的生存健康，但目前中国各地区土地被污染的面积在不断扩大，程度也在加剧。据不完全统计，全国受各类污染源污染的土地面积超过2000万 hm^2，占耕地面积的1/5左右。城郊大量施用垃圾、污水灌溉农田、菜地，使铬、汞、砷、镉等重金属进入水土中，导致粮食、蔬菜等食物中污染物严重超标；同时大面积农田由于化肥、农药等的超量使用，污染水体和土壤，通过食物链危害人体健康。

2.3.2.5 对区域景观格局的影响

景观空间格局是指大小不一的景观元素（斑块、廊道、基质）在空间上的排列组合，是景观异质性的主要表现，同时又是包括干扰在内的各种生态过程在不同尺度上运行的结果，反映了各种自然和人为因素相互作用产生的一定区域内的生态环境状态。许多研究表明，在人类活动的强烈干扰和作用下，景观空间格局的变化实质上是土地利用空间格局的变化，研究景观空间格局的变化可以把土地利用的空间特性与时间过程紧密结合，确定产生和控制空间格局的因子和机制，从而为城市景观安全格局的构建、土地的合理利用及科学规划提供基础和策略。

随着人类土地利用程度的增大，土地景观要素的组成结构发生了相应的变化。变化的表现主要为：①线状廊道数量上升，带状廊道的数量先增加、后减少。在自然土地景观中，以大小不等的斑块和带状廊道为主，线状廊道较少，农业等半人工的景观经过人工的塑造，以农村道路和沟渠为代表的线状廊道有所增加，而在城市建设用地景观中则存在着大量的线状廊道，如街道、绿化带等，由线状土地布局组成的网络数量随着人类影响增大而增加，城市中存在着四通八达的交通、商业、居住等网络，水域用地中河流一类的带状廊道在自然界较为常见，但在城市建设用地景观中出现频率很低。②斑块的大小和面积发生重大变化，景观异质性也随之改变。城市建设景观与原来大面积分布、现正迅速缩小的自然、半自然景观形成鲜明的对比。规划建设前以自然生态用地、农用地等自然、半自然景观为主，景观本底是大片的自然土地、农田、养殖水面等用地区域，镶嵌有城镇生活区、休闲娱乐区、港口码头等粗粒斑块及小型公园、小块绿地等细粒斑块，景观比较完整，破碎化程度较低，但同时多样性指数较低；城市规划建设后，将不断引进城市森林、湖泊、公园、开放的广场绿地、小片的人工绿地、运动场、文教娱乐设施和商贸建筑等许多大小不等的异质斑块，大块的连续斑块被稠密的道路交通网络及大量的人工绿化带切割、分离，景观的破碎化程度大大增加，同时景观多样性也在上升。

2.3.3 经济城市化进程对生态环境的影响

这里采用灰色关联分析方法来分析研究长株潭城市群三个城市产业结构与环境污染的关系及其变化，进而反映经济城市化过程对生态环境的影响。

2.3.3.1 灰色关联分析计算

灰色关联分析法研究的基本对象是数据列，分为母序列和子序列。通常称母序列为参考数据列，子序列为比较数据列。其计算过程如下：

设参考数列 $X_0 = \{X_0(k) \mid k=1, 2, \cdots, N\}$，比较数列为 $X_i = \{X_i(k) \mid k=1, 2, \cdots, N\}$，$i=(1, 2, \cdots, M)$。

（1）对原始数据无量纲化处理

$$X_0 = \{X_0(k)/k=1, 2, \cdots, n\} \tag{2-1}$$

$$X_i = \{X_i(k)/k=1, 2, \cdots, n\}, i=(1, 2, \cdots, m) \tag{2-2}$$

（2）计算关联系数

$$\zeta_i(k) = \frac{\min_i\min_k |x_0(k)-x_i(k)| + 0.5\max_i\max_k |x_0(k)-x_i(k)|}{|x_0(k)-x_i(k)| + 0.5\max_i\max_k |x_0(k)-x_i(k)|} \tag{2-3}$$

其中，$k=1, 2, \cdots, n$，$i=(1, 2, \cdots, m)$；分辨系数取值为 0.5。

（3）计算关联度

$$r_i = \frac{1}{N} \sum_{k=1}^{N} \zeta_i(k) \tag{2-4}$$

2.3.3.2 产业发展与环境污染

长株潭地区拥有株洲和湘潭两个老工业基地，具有规模庞大、发展前景广阔的制造业等传统工业的雄厚基础和优势。据分析，2001年以来，该地区是以第三产业为主导。但近几年，随着长株潭一体化进程的加快，第二产业的发展势头强劲，2006年第二产业产值首次超过了第三产业。由此可见，第二产业是长株潭地区未来的发展趋势，而第二产业中的工业是长株潭经济发展的重中之重。然后，通过前文关于工业行业污染特征的分析，可知工业污染将成为城市环境污染的主要污染源。因此，有必要对长株潭工业发展与环境污染之间的关系进行专门研究。

（1）长沙主导工业行业与工业三废的灰色关联分析

根据对长沙工业行业发展现状的分析，长沙主导工业行业包括机械制造工业、食品工业、石化工业、金属及非金属矿物制品业、冶金工业、电力燃气工业和通信电子设备制造业，2003～2007年，其工业总产值占全工业总产值的比例一直保持在85%以上。表2-5和表2-6分别为2003～2007年长沙主导工业行业的产值和长沙工业"三废"排放量。

表2-5　长沙主导行业工业总产值　（单位：万元）

指标	2003年	2004年	2005年	2006年	2007年
全工业总产值	3 325 205	3 969 036	4 692 784	6 007 131	7 715 574
机械制造工业	1 728 155.4	2 214 899.4	2 972 658.2	4 056 140.7	5 984 038.8
食品工业	1 226 373.2	1 624 773.5	2 059 187.2	2 574 284.2	3 045 979
石化工业	783 674.2	982 427.3	1 510 226.2	2 077 789.6	2 786 739.3
金属及非金属制品业	266 563.1	365 606.7	570 332.8	805 404.6	1 296 746.5
冶金工业	233 363.1	346 819.6	517 349.7	664 996.7	891 912.1
电力燃气工业	156 187.2	136 723.3	399 036.3	534 020.9	755 516.8
通信电子设备制造业	613 971	673 537.2	623 472.6	618 687.7	678 972.7

资料来源：2004～2008年长沙统计年鉴，经整理。

表2-6　长沙工业"三废"排放量

	2003年	2004年	2005年	2006年	2007年
工业废水/万 t	4006.7	4047	4065	4073	4377
工业废气/万标 m^3	2501271	2679022	3078324	2891585	2933547
工业固废/万 t	99.67	94	98.4	102.94	101.96

资料来源：2004～2008年长沙统计年鉴。

据表 2-5 和表 2-6 中的数据，以 2003～2007 年长沙的工业废水排放量为参考数列，以同一时段的工业主导行业（a. 机械制造工业，b. 食品工业，c. 石化工业，d. 金属及非金属制品业，e. 冶金工业，f. 电力燃气工业，g. 通信电子设备制造业）的工业总产值为比较数列，按照前文所述方法算出长沙各主导行业与工业废水排放的灰色关联度为（表 2-7）：$\alpha_1 = 0.7263$，$\alpha_2 = 0.7615$，$\alpha_3 = 0.7058$，$\alpha_4 = 0.6567$，$\alpha_5 = 0.6650$，$\alpha_6 = 0.6517$，$\alpha_7 = 0.8762$。得到关联序：$\alpha_7 > \alpha_2 > \alpha_1 > \alpha_3 > \alpha_5 > \alpha_4 > \alpha_6$。由此可见，长沙工业废水排放和工业行业产值之间关联度最大的是通信电子设备制造业，其次是食品工业、机械制造工业和石化工业，关联度最小的是电力燃气工业。

表 2-7　长沙工业主导行业产值对工业三废的关联序

行业	工业三废
机械制造工业	工业废气>工业废水>工业固废
食品工业	工业废气>工业废水>工业固废
石化工业	工业废气>工业废水>工业固废
金属及非金属矿物制品业	工业废气>工业固废>工业废水
冶金工业	工业废气>工业废水>工业固废
电力燃气工业	工业废气>工业固废>工业废水
通信电子设备制造业	工业废气>工业废水>工业固废

同样取 2003～2007 年长沙工业废气的总排放量为参考数列、同一时间段的各工业行业的生产总值为比较数列，得出工业废气的排放量与工业行业产值之间的灰色关联度为：$\beta_1 = 0.7484$，$\beta_2 = 0.7861$，$\beta_3 = 0.7250$，$\beta_4 = 0.6722$，$\beta_5 = 0.6801$，$\beta_6 = 0.6801$，$\beta_7 = 0.9138$。得到关联序：$\beta_7 > \beta_2 > \beta_1 > \beta_3 > \beta_5 > \beta_4 > \beta_6$。由此可见，长沙工业废气排放和工业行业产值之间关联度最大的是通信电子设备制造业，其次是机械制造工业和食品工业，关联度最小的是电力燃气工业。

同样取 2003～2007 年长沙工业固废的总产生量为参考数列，同一时间段的各工业行业的生产总值为比较数列得出工业固废的产生量与工业行业产值之间的灰色关联度为：$\lambda_1 = 0.7217$，$\lambda_2 = 0.7561$，$\lambda_3 = 0.7013$，$\lambda_4 = 0.6595$，$\lambda_5 = 0.6620$，$\lambda_6 = 0.6535$，$\lambda_7 = 0.8664$。得到关联序：$\lambda_7 > \lambda_2 > \lambda_1 > \lambda_3 > \lambda_5 > \lambda_4 > \lambda_6$。由此可见，长沙工业固废产生量和工业行业产值之间关联度最大的是通信电子设备制造业，其次是机械制造工业和食品工业，关联度最小的是电力燃气工业和金属及非金属矿物制品业。

整个工业行业对各种环境污染物的关联序表明，工业废气的排放始终处于前列，相对于其他环境污染因素，工业废气成为影响长沙环境质量的主要污染因素。从各行业的生产总值与工业废气的排放量的关联度看，关联度最大的行业是通信电子设备制造业，其次是食品工业和机械制造工业。

（2）株洲主导工业行业与工业三废的灰色关联分析

根据对株洲工业现状的分析，株洲主导行业包括冶金工业、机械制造工业、石化工业、金属及非金属矿物制品业、电力燃气工业、食品工业和纺织业，其工业总产值占全工业总产值的比重一直保持在85%以上。表2-8和表2-9分别为2003～2007年株洲主导工业行业的产值和株洲工业三废排放量。

表2-8　株洲主导行业工业总产值　（单位：万元）

指标	2003 年	2004 年	2005 年	2006 年	2007 年
全工业总产值	1 587 340	1 873 877	2 264 278	2 706 442	3 471 149
冶金工业	521 137	690 508	914 504	1 519 533	2 055 931
机械制造工业	858 356	1 021 609	1 107 830	1 373 954	1 945 787
石化工业	480 830	645 188	853 559	972 215	1 452 972
金属及非金属制品业	324 253	442 381	618 952	672 400	962 259
电力燃气工业	134 696	319 484	395 724	442 439	542 414
食品工业	137 469	216 281	207 715	290 669	411 192
纺织业	35 581	63 044	78 008	78 675	100 760

资料来源：2004～2008 年株洲统计年鉴。

表2-9　株洲工业三废排放量

	2003 年	2004 年	2005 年	2006 年	2007 年
工业废水/万 t	9435	9696	9179	8991	8508
工业废气/万标 m^3	3 229 583	4 723 022	5 802 335	5 931 079	5 755 463
工业固废/万 t	191	238	261	276	287

资料来源：2004～2008 年株洲统计年鉴。

据表2-8和表2-9中的数据，以2003～2007年株洲的工业废水排放量为参考数列，以同一时段的工业主导行业（a. 冶金工业，b. 机械制造工业，c. 石化工业，d. 金属及非金属制品业，e. 电力燃气工业，f. 食品工业，g. 纺织业）的工业总产值为比较数列，按照前文所述方法算出株洲各主导行业与工业废水排放的灰色关联度为：$\varepsilon_1 = 0.6578$，$\varepsilon_2 = 0.7954$，$\varepsilon_3 = 0.7023$，$\varepsilon_4 = 0.6922$，$\varepsilon_5 = 0.5430$，$\varepsilon_6 = 0.6873$，$\varepsilon_7 = 0.6481$。得到关联序：$\varepsilon_2 > \varepsilon_3 > \varepsilon_4 > \varepsilon_6 > \varepsilon_1 > \varepsilon_7 > \varepsilon_5$。由此可见，株洲工业废水排放和工业行业产值之间关联度最大的是机械制造工业，其次是石化工业，关联度最小的是电力燃气工业。

同样取2003～2007年株洲工业废气的总排放量为参考数列、同一时间段的各工业行业的生产总值为比较数列，得出工业废气的排放量与工业行业产值之间的灰色关联度为：$\phi_1 = 0.7413$，$\phi_2 = 0.8038$，$\phi_3 = 0.8435$，$\phi_4 = 0.8281$，$\phi_5 = 0.5636$，$\phi_6 = 0.7980$，$\phi_7 = 0.7379$。得到关联序：$\phi_3 > \phi_4 > \phi_2 > \phi_6 > \phi_1 > \phi_7 > \phi_5$。由此可见，株洲工业废气排放和工业行业产值之间关联度最大的是石化工业，其次是金属及非金属矿物制品业，关联度最小的是电力燃气工业。

同样取2003～2007年株洲工业固废的总产生量为参考数列、同一时间段的各工业行业的生产总值为比较数列，得出工业固废的产生量与工业行业产值之间的灰色关联度为：$\varphi_1 = 0.7217$，$\varphi_2 = 0.7561$，$\varphi_3 = 0.7013$，$\varphi_4 = 0.6595$，$\varphi_5 = 0.6620$，$\varphi_6 = 0.7607$，$\varphi_7 = 0.6839$。得到关联序：$\varphi_2 > \varphi_3 > \varphi_6 > \varphi_4 > \varphi_1 > \varphi_7 > \varphi_5$。由此可见，株洲工业固废产生量和工业

行业产值之间关联度最大的是机械制造工业，其次是石化工业，关联度最小的是电力燃气工业。

表 2-10 株洲主导行业工业三废的关联序

工业行业	工业三废
冶金工业	工业废气>工业固废>工业废水
机械制造工业	工业固废>工业废气>工业废水
石化工业	工业废气>工业固废>工业废水
金属及非金属矿物制品业	工业废气>工业固废>工业废水
电力燃气工业	工业废气>工业废水>工业固废
食品工业	工业废气>工业固废>工业废水
纺织业	工业废气>工业固废>工业废水

整个工业行业对各种环境污染物的关联序表明，工业废气的排放始终处于前列，相对于其他环境污染因素，工业废气成为影响株洲环境质量的主要污染因素。从各行业的生产总值与工业废气的排放量的关联度看，关联度最大的行业是石化工业，其次是金属及非金属制品业。

（3）湘潭主导工业行业与工业三废的灰色关联分析

根据对湘潭工业现状的分析，湘潭主导行业包括冶金工业、机械制造工业、石化工业、食品工业、电力燃气工业、纺织业和金属及非金属矿物制品业，其工业总产值占全工业总产值的比重一直保持在85%以上。表 2-11 和表 2-12 分别为2001～2003 年、2006 年湘潭主导工业行业的产值和湘潭工业三废排放量。

表 2-11 湘潭主导行业工业总产值 （单位：万元）

指标	2001 年	2002 年	2003 年	2006 年
全工业总产值	1 281 751	1 435 333	1 587 340	2 706 442
冶金工业	462 223	519 188	736 321.9	1 648 810.5
机械制造工业	155 286	196 967	355 355	1 068 764.3
石化工业	219 414	275 078	314 849	453 103.7
食品工业	53 764	81 773	136 517.4	361 622
电力燃气工业	114 500	101 465	1 258 160	348 872.7
纺织业	83 563	125 066	147 527.4	338 776.4
金属及非金属矿物制品业	104 248	126 092	139 951.7	254 642.6

资料来源：2002-2004 年、2007 年湘潭统计年鉴。

表 2-12　湘潭工业三废排放量

	2001 年	2002 年	2003 年	2006 年
工业废水/万 t	15 057.5	13 286.9	13 459.9	9029.3
工业废气/亿标 m^3	696.4	776	784.5	375.1
工业固废/万 t	297.2	300.9	358.7	398.7

资料来源：2001~2004 年、2007 年湘潭统计年鉴。

据表 2-11 和表 2-12 中的数据，以 2001~2004 年、2006 年湘潭的工业废水的排放量为参考数列，以同一时段的工业主导行业（a. 冶金工业，b. 机械制造工业，c. 石化工业，d. 食品工业，e. 电力燃气工业，f. 纺织业，g. 金属及非金属矿物制品业）的工业总产值为比较数列，按照前文所述方法算出长沙各主导行业与工业废水排放的灰色关联度为：μ_1 = 0.8656，μ_2 = 0.7895，μ_3 = 0.9024，μ_4 = 0.7734，μ_5 = 0.7515，μ_6 = 0.8493，μ_7 = 0.8493。得到关联序：$\mu_3 > \mu_7 > \mu_1 > \mu_6 > \mu_2 > \mu_4 > \mu_5$。由此可见，湘潭工业废水排放和工业主导行业产值之间关联度都较大，其中关联度最小的电力燃气工业也超过了 0.7，关联度最大的石化工业达 0.9。

同样取 2001~2004 年、2006 年湘潭工业废气的总排放量为参考数列，同一时间段的各工业行业的生产总值为比较数列，得出工业废气的排放量与工业行业产值之间的灰色关联度为：ν_1 = 0.8828，ν_2 = 0.8041，ν_3 = 0.9193，ν_4 = 0.7862，ν_5 = 0.7380，ν_6 = 0.8345，ν_7 = 0.9151。得到关联序：$\nu_3 > \nu_7 > \nu_1 > \nu_6 > \nu_2 > \nu_4 > \nu_5$。由此可见，湘潭工业废气和工业主导行业产值之间关联度都较大，其中关联度最小的电力燃气工业也超过了 0.7，关联度最大的石化工业达 0.92。

同样取 2001~2004 年、2006 年湘潭工业固废的总产生量为参考数列，同一时间段的各工业行业的生产总值为比较数列，得出工业固废的产生量与工业行业产值之间的灰色关联度为：π_1 = 0.8980，π_2 = 0.8095，π_3 = 0.9449，π_4 = 0.7919，π_5 = 0.7624，π_6 = 0.8627，π_7 = 0.9376。得到关联序：$\pi_3 > \pi_7 > \pi_1 > \pi_6 > \pi_2 > \pi_4 > \pi_5$。

由此可见，湘潭工业固废和工业主导行业产值之间关联度都较大，其中关联度最小的电力燃气工业也超过了 0.7，关联度最大的石化工业达 0.923（表 2-13）。

表 2-13　湘潭工业三废的关联序

行业	工业三废
冶金工业	工业固废>工业废气>工业废水
机械制造工业	工业固废>工业废气>工业废水
石化工业	工业固废>工业废气>工业废水
食品工业	工业固废>工业废气>工业废水
电力燃气工业	工业固废>工业废水>工业废气
纺织业	工业固废>工业废水>工业废气
金属及非金属矿物制品业	工业固废>工业废气>工业废水

整个工业行业对各种环境污染物的关联序表明，工业固废的排放始终处于前列，其次是工业废气排放，工业废水排放关联度最小。由于工业固废相对于工业废气、废水易于回收处理处置，因此，工业废气成为影响湘潭环境质量的主要污染因素。从各行业的生产总值与工业三废的排放量的关联度看，关联度最大的行业是石化工业，其次是电力燃气工业。

2.3.4 人口城市化进程对生态环境的影响

人口增长在一定程度上直接影响土地利用，主要是建设用地的结构、方式和程度，人口增长必然会增加对居住用地、交通用地、基础设施等城市建设用地的需求，促进农用地的非农化转化速度，同时影响建设用地内部各类用地的结构、布局，进而推动城市化进程。从目前看，随着城市化水平的提高和城市人口数量的激增，中国的城市用地相对不足，城市土地利用结构和布局不合理的现象也相当明显。一方面是城市用地不断向外扩张，规模日益扩大；另一方面，大量人口进入城市，人均城市建设用地水平大大低于发达国家。有关资料显示，1978 年中国城市只有 176 个，建成区面积只有 2000km^2 左右；1995 年城市数量已发展到 640 多个，建成区面积扩大到 14 888km^2；2004 年城市数量为 661 个，建成区面积为 31 505km^2。此外，中国城镇人均用地水平在世界上基本处于最低行列。当前，中国城市人均用地平均为 80m^2 左右，远远低于发达国家 150~300m^2/人的水平。

第3章 | 长株潭城市群生态、环境质量及其变化

城市群区域内集中了大量的、高度密集的人类活动，包括人口和工农业活动以及土地的高强度开发等，这无可避免地会对原有的生态环境系统造成破坏，导致改观和重整（陈群元和宋玉祥，2011）。生态环境问题往往更多，更为严重，迫切性更强，解决的难度更大。长株潭城市群经济发展正处于从粗放型向集约型的转型时期，整体竞争力在国内几大主要城市群中处于落后位置。先天的环境劣势和社会经济发展粗放模式导致生态环境问题突出。一方面，长株潭城市积累性污染突出，成为长株潭"资源节约、环境友好"型经济社会发展道路上的绊脚石。另一方面，污染排放量大，处理率相对较低，使得长株潭城市群的环境压力加大。因此，在促进城市发展快的同时更不能忽略环境破坏和污染加速等问题。本章主要调查评估长株潭城市群 2000～2010 年长株潭城市群生态系统类格局和变化，调查评估生态质量和环境质量状况及其变化。

3.1 生态系统类型、格局及变化

为了更好地反映长株潭城市群生态系统的变化，本节将按生态系统的三级分类系统进行分析。其中，一级生态系统采用 30 年（即 1980～2010 年）的变化进行综合分析，二级和三级生态系统采用 2000～2010 年 10 年数据进行分析。2000～2010 年长株潭城市群的遥感数据分析主要基于全国生态系统遥感分类结果，通过变化检测分析和统计分析，分析森林、农田、草地、湿地、建设用地等生态系统类型与格局的变化，重点调查与分析城市群城市建成区的空间扩展过程、面积与分布。

3.1.1 生态系统类型、格局及变化分析内容和方法

3.1.1.1 分析内容

在城市群尺度，主要基于全国生态系统遥感分类结果，通过变化检测分析和统计分析，分析森林、农田、草地、湿地、建设用地等生态系统类型与格局的变化，重点调查与分析城市群城市建成区的空间扩展过程、面积与分布；根据城市群生态环境遥感分类结果，结合地面调查，并利用统计和环境监测数据，调查和分析城市群及长沙市市辖区两个尺度上不同生态系统类型的面积、分布及其变化。与此同时，分析城市群大气、水等环境质量的状况和变化及其与生态系统格局和变化的相互关系。

3.1.1.2　主要分析评价指标及其含义

（1）生态质量

1）植被破碎化程度用植被斑块密度评价。

2）植被覆盖用植被覆盖面积及其所占区域面积比例指标进行评价。

植被覆盖度是指区域植物覆盖状况，计算方法如下：

$$F_c = \frac{\text{NDVI} - \text{NDVI}_{\text{soil}}}{\text{NDVI}_{\text{veg}} - \text{NDVI}_{\text{soil}}} \tag{3-1}$$

式中，F_c 为植被覆盖度；NDVI 为植被覆盖指数、通过遥感影像近红外波段与红光波段的发射率来计算；NDVI_{veg} 为纯植被像元的 NDVI 值；$\text{NDVI}_{\text{soil}}$ 为完全无植被覆盖像元的 NDVI 值。

3）生物量采用植被单位面积生物量指标评价。生物量数据采用"全国陆地生态系统生物量"调查结果。

（2）环境质量

1）地表水环境用河流 3 类水体以上的比例和主要湖库面积加权富营养化指数两个指标评价。

主要湖库湿地面积加权富营养化指数用来评价各省份湖库生态系统受到的污染状况，计算方法为

$$\text{WEI}_i = \frac{\sum\limits_{k} \text{EI}_{ik} \times A_{ik}}{\sum\limits_{k} A_{ik}} \tag{3-2}$$

式中，WEI_i 为第 i 市湖库加权富营养化指数；EI_{ik} 为第 i 市第 k 湖富营养化指数，环境监测数据；A_{ik} 为第 i 市第 k 湖面积。

2）空气环境采用空气质量二级达标天数比例，即空气质量达到二级标准的天数占全年天数的百分比来评价。

3）酸雨强度与频度酸雨强度指年均酸雨 pH，酸雨频度指酸雨年发生频率。

3.1.1.3　分析评价方法

（1）生态系统类型、格局及生态质量变化分析方法

基于遥感解译得到的结果，采用生态系统转移矩阵分析方法和指数分析法，量化长株潭城市群和城市建成区的状况、扩展速度和强度。采用格局指数方法，从单个斑块、斑块类型和景观镶嵌体三个层次上，重点分析 2000 年、2005 年、2010 年长株潭城市群和城市生态系统景观结构组成特征、空间配置关系及其十年变化。

（2）环境质量分析评价方法

建立长株潭城市群生态环境质量评价方法与指标，收集社会经济数据、环境监测和统计数据等各类数据，根据水环境、空气环境、土壤环境、地下水环境等调查评价指标需要，对

长株潭环境监测数据进行整理、计算，根据污染物排放强度、大气污染、水污染等调查、评价指标的要求，对环境统计数据和污染源普查及更新数据进行整理、计算，然后根据城市群和重点城市环境变化评价要求进行分析、归纳，制作相关图件。通过分析和对比城市群在不同年份的生态环境质量，获取城市群生态环境质量十年间的变化，刻画城市群生态环境质量特征及演变。

3.1.2 一级生态系统类型、结构及变化

通过遥感解译，获得 1980 年和 1995 年长株潭城市群的一级生态系统分布图（图 3-1 和图 3-2），根据《全国生态环境十年变化（2000—2010 年）遥感调查与评估项目》生态系统类型遥感解译数据关于长株潭城市群的数据，获得长株潭城市群和长沙、株洲、湘潭三市 2000 年、2005 年和 2010 年土地利用状况和各类生态系统类型面积，见图 3-3 ~ 图 3-5 和表 3-1 ~ 表 3-10。

由图 3-1 ~ 图 3-5 和表 3-1 ~ 表 3-3 可以看出，从 1980 ~ 2010 年的 30 年间，长株潭城市群的林地和草地面积比例逐渐减低，湿地面积有所增加，耕地面积的比例呈现波动状态，人工表面增加了 3 倍以上。2000 年、2005 年、2010 年三个年度，一级生态系统中森林所占面积最大，为 35% 左右，其次是农田和灌丛，草地和裸地最小，均低于 1%。草地、其他等类型面积和分布变化不大，林地减少较快，湿地略有减少，耕地略有增加，人工表面面积增加较大，分布更广和分散，说明随着城市化进程的加快，林地、湿地、草地等自然生态系统在萎缩，而人工表面等人工生态系统面积在逐年扩张，这种趋势在表 3-3 和表 3-4 中有较明显的体现，其中，林地转化为人工表面的面积比例最大。

参考《全国生态环境十年变化（2000—2010 年）遥感调查与评估项目》的《城市群生态环境十年变化调查与评估》专项结果，将长株潭城市群和京津冀、长三角、珠三角、武汉和成渝等城市群各生态系统类型转移至城镇生态系统面积比例进行对比分析，可知在 1980 ~ 2010 年的 30 年间，各类生态系统中耕地转化为城镇生态系统比例最大。与其他城市群相比，长株潭城市群耕地转化为城镇生态系统的比例相对较小，呈现先减后增的趋势。林地转化比例也不容忽视，在 1990 ~ 2000 年间占到总面积的 50% 以上，与耕地相反，呈现先增后减的趋势。草地转化为城镇生态系统面积比例较小，基本可以忽略。将长株潭城市群与京津冀、长三角、珠三角、武汉和成渝等城市群一级生态系统结构比例进行比较，结果表明，在 1980 ~ 2010 年的 30 年间，长株潭城市群林地系统面积占比最大，达到 60% 以上，草地和湿地系统占比相对较小，都不足 5%，耕地占比变化不大，相对平稳，人工表面占比虽然不大，但与其他城市群类似，在 30 年间呈现快速增长趋势。

长株潭三个城市一级生态系统面积比例和各类用地转移状况见表 3-5 ~ 表 3-10。

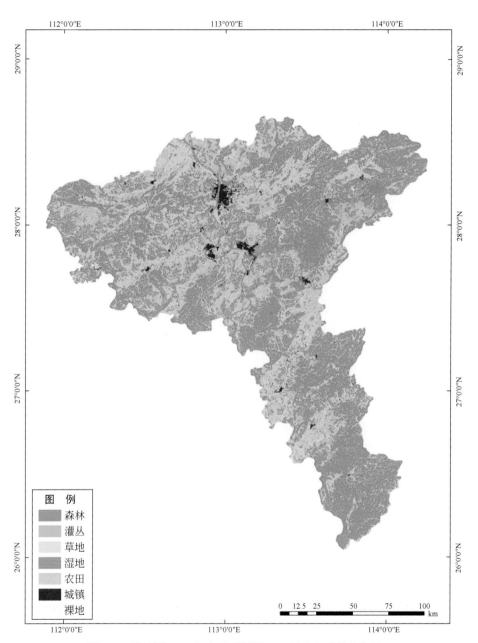

图 3-1　长株潭 1980 年土地利用图（一级生态系统分布图）

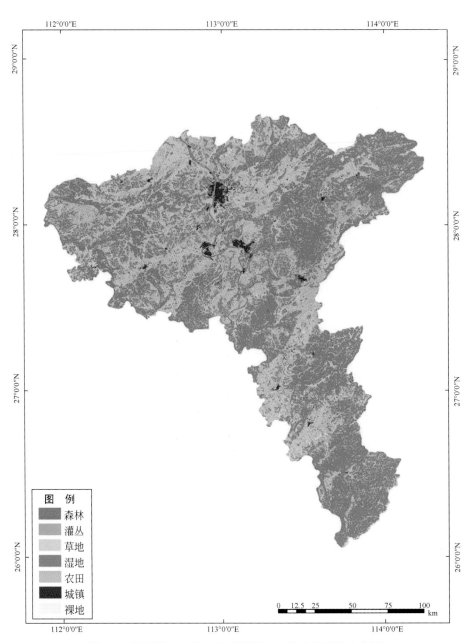

图 3-2　长株潭 1995 年土地利用图（一级生态系统分布图）

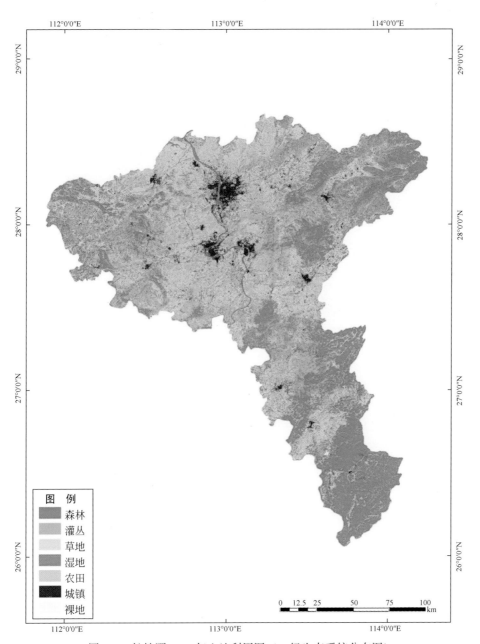

图 3-3　长株潭 2000 年土地利用图（一级生态系统分布图）

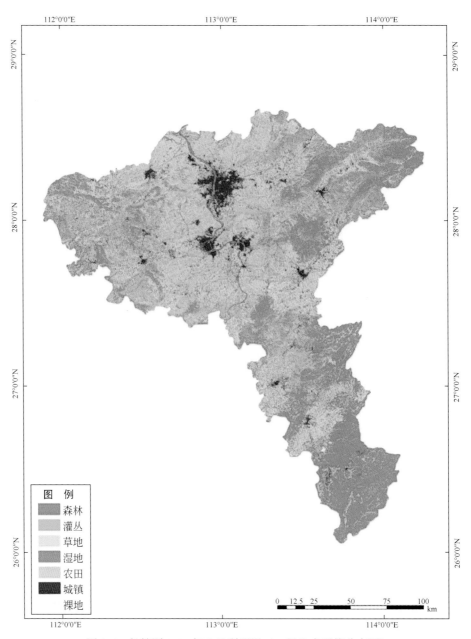

图 3-4 长株潭 2005 年土地利用图 （一级生态系统分布图）

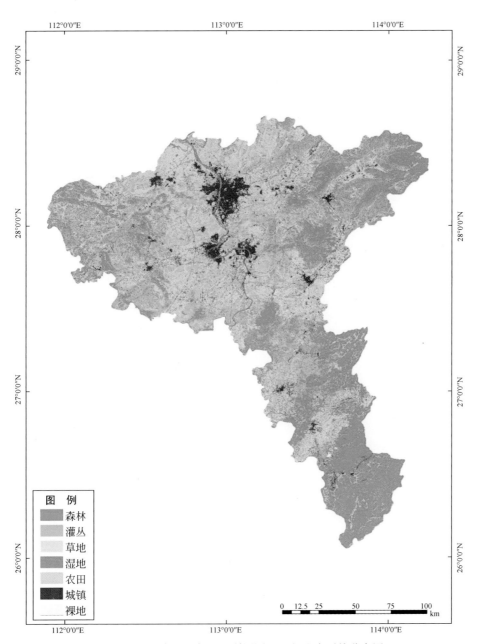

图 3-5 长株潭 2010 年土地利用图（一级生态系统分布图）

表 3-1　长株潭一级生态系统面积比例　　　　　　　　（单位：%）

年份	林地	草地	湿地	耕地	人工表面	其他
1980	64.19	1.50	1.58	31.17	1.54	0.01
1995	63.90	1.55	1.76	30.54	2.24	0.01
2000	60.20	0.71	2.22	32.69	4.02	0.17
2005	59.57	0.72	2.23	32.51	4.81	0.17
2010	59.53	0.73	2.24	31.93	5.40	0.16

表 3-2　长株潭一级生态系统用地类型转移矩阵　　　　　（单位：km²）

年份	类型	森林	灌丛	草地	湿地	农田	城镇	荒漠	冰川/积雪	裸地
2000~2005	森林	9760.09	9.94	1.99	2.46	80.58	56.09	0.00	0.00	2.53
	灌丛	13.98	6908.70	0.44	2.15	26.92	18.15	0.00	0.00	3.03
	草地	0.71	0.05	197.39	0.00	0.21	0.04	0.00	0.00	0.00
	湿地	1.81	0.49	0.05	616.53	1.60	1.10	0.00	0.00	0.12
	农田	7.84	3.45	1.31	3.28	9005.03	144.93	0.00	0.00	3.15
	城镇	0.14	0.17	0.01	0.03	0.52	1126.37	0.00	0.00	0.01
	荒漠	0.00	0.00	0.00	0.00	0.00	0.00	0.00	0.00	0.00
	冰川/积雪	0.00	0.00	0.00	0.00	0.00	0.00	0.00	0.00	0.00
	裸地	0.61	1.39	0.14	0.11	5.03	2.55	0.00	0.00	39.10
2005~2010	森林	9762.87	1.30	1.55	1.78	2.32	15.21	0.00	0.00	0.14
	灌丛	7.03	6912.04	1.19	0.15	1.37	1.89	0.00	0.00	0.53
	草地	0.84	0.10	200.09	0.01	0.18	0.09	0.00	0.00	0.00
	湿地	0.04	0.08	0.03	620.94	0.88	2.39	0.00	0.00	0.20
	农田	13.11	1.07	1.13	2.97	8950.53	147.03	0.00	0.00	4.04
	城镇	0.02	0.04	0.01	1.21	0.28	1347.66	0.00	0.00	0.01
	荒漠	0.00	0.00	0.00	0.00	0.00	0.00	0.00	0.00	0.00
	冰川/积雪	0.00	0.00	0.00	0.00	0.00	0.00	0.00	0.00	0.00
	裸地	1.28	0.15	0.19	1.21	2.04	1.87	0.00	0.00	41.19
2000~2010	森林	9747.26	10.78	3.63	4.37	46.12	99.19	0.00	0.00	2.32
	灌丛	16.75	6897.59	1.51	2.18	19.60	34.05	0.00	0.00	1.69
	草地	1.35	0.14	196.50	0.01	0.25	0.14	0.00	0.00	0.00
	湿地	1.87	0.52	0.08	614.32	1.64	2.96	0.00	0.00	0.29
	农田	16.65	4.05	2.12	5.19	8884.57	250.95	0.00	0.00	5.48
	城镇	0.12	0.20	0.02	1.11	0.52	1125.27	0.00	0.00	0.01
	荒漠	0.00	0.00	0.00	0.00	0.00	0.00	0.00	0.00	0.00
	冰川/积雪	0.00	0.00	0.00	0.00	0.00	0.00	0.00	0.00	0.00
	裸地	1.20	1.49	0.33	1.09	4.91	3.57	0.00	0.00	36.32

表 3-3   城市群各用地类型转换为人工表面面积   （单位：km²）

年份	林地—人工表面	草地—人工表面	湿地—人工表面	耕地—人工表面	其他—人工表面
1980～1995	37.49	0.37	3.70	171.38	0.14
1995～2000	294.52	6.53	15.45	227.44	2.49
2000～2005	74.24	0.04	1.10	144.93	2.55
2005～2010	17.10	0.09	2.39	147.03	1.87
1980～2010	493.09	7.78	39.98	715.24	0.89

表 3-4   城市群各用地类型转换为人工表面比例   （单位:%）

年份	林地—人工表面	草地—人工表面	湿地—人工表面	耕地—人工表面	其他—人工表面
1980～1990	17.59	0.17	1.74	80.43	0.07
1990～2000	53.90	1.20	2.83	41.62	0.46
2000～2005	33.31	0.02	0.49	65.03	1.14
2005～2010	10.15	0.05	1.42	87.27	1.11
1980～2010	39.23	0.62	3.18	56.90	0.07

表 3-5   长沙市一级生态系统面积及比例

类型	2000 年		2005 年		2010 年	
	面积/km²	比例/%	面积/km²	比例/%	面积/km²	比例/%
森林	3601.20	30.56	3512.57	29.80	3500.15	29.70
灌丛	3201.92	27.17	3189.33	27.06	3189.59	27.06
草地	57.35	0.49	58.71	0.50	59.68	0.51
湿地	262.67	2.23	266.04	2.26	266.87	2.26
农田	4117.83	34.94	4081.63	34.63	3980.43	33.77
城镇	522.71	4.44	659.95	5.60	774.07	6.57
荒漠	0.00	0.00	0.00	0.00	0.00	0.00
冰川/永久积雪	0.00	0.00	0.00	0.00	0.00	0.00
裸地	21.95	0.19	17.39	0.15	14.84	0.13

表 3-6   长沙市一级生态系统用地类型转移矩阵   （单位：km²）

年份	类型	森林	灌丛	草地	湿地	农田	城镇	荒漠	冰川/积雪	裸地
2000～2005	森林	3497.79	6.54	0.78	0.91	61.20	33.37	0.00	0.00	0.61
	灌丛	9.03	3179.35	0.04	0.23	9.28	3.59	0.00	0.00	0.36
	草地	0.12	0.04	57.00	0.00	0.17	0.03	0.00	0.00	0.00
	湿地	0.03	0.01	0.00	262.43	0.13	0.06	0.00	0.00	0.00
	农田	5.04	2.06	0.83	2.45	4006.04	99.23	0.00	0.00	2.17
	城镇	0.12	0.16	0.01	0.01	0.40	522.00	0.00	0.00	0.01
	荒漠	0.00	0.00	0.00	0.00	0.00	0.00	0.00	0.00	0.00
	冰川/积雪	0.00	0.00	0.00	0.00	0.00	0.00	0.00	0.00	0.00
	裸地	0.44	1.13	0.05	0.00	4.42	1.67	0.00	0.00	14.24

年份	类型	森林	灌丛	草地	湿地	农田	城镇	荒漠	冰川/积雪	裸地
2005~2010	森林	3499.82	0.25	0.76	0.07	0.27	11.40	0.00	0.00	0.00
	灌丛	0.06	3188.91	0.00	0.01	0.07	0.23	0.00	0.00	0.01
	草地	0.00	0.00	58.61	0.00	0.00	0.09	0.00	0.00	0.00
	湿地	0.03	0.07	0.00	263.54	0.05	2.35	0.00	0.00	0.00
	农田	0.23	0.31	0.29	1.12	3979.78	99.91	0.00	0.00	0.00
	城镇	0.01	0.01	0.01	0.93	0.24	658.73	0.00	0.00	0.00
	荒漠	0.00	0.00	0.00	0.00	0.00	0.00	0.00	0.00	0.00
	冰川/积雪	0.00	0.00	0.00	0.00	0.00	0.00	0.00	0.00	0.00
	裸地	0.00	0.00	0.00	1.19	0.02	1.36	0.00	0.00	14.82
2000~2010	森林	3491.14	6.73	1.51	1.10	33.48	66.89	0.00	0.00	0.35
	灌丛	4.96	3179.26	0.04	0.39	6.14	10.88	0.00	0.00	0.22
	草地	0.09	0.05	56.98	0.00	0.11	0.13	0.00	0.00	0.00
	湿地	0.05	0.07	0.00	260.75	0.16	1.63	0.00	0.00	0.00
	农田	3.37	2.13	1.08	2.80	3936.10	171.14	0.00	0.00	1.19
	城镇	0.12	0.17	0.01	0.84	0.40	521.16	0.00	0.00	0.01
	荒漠	0.00	0.00	0.00	0.00	0.00	0.00	0.00	0.00	0.00
	冰川/积雪	0.00	0.00	0.00	0.00	0.00	0.00	0.00	0.00	0.00
	裸地	0.42	1.13	0.05	0.97	4.04	2.26	0.00	0.00	13.08

2000~2010 年长沙市一级生态系统中, 农田面积比例最高, 其次是森林和灌丛, 草地和裸地面积比例最小。从 2000 年、2005 年、2010 年三个年度看, 农田和林地减少较快, 湿地略有减少, 城镇增加较大, 分布更广和分散, 说明随着城市化进程的加快, 林地、湿地、草地等自然生态系统在萎缩, 而人工表面等人工生态系统面积在逐年扩张。

表 3-7　株洲市一级生态系统面积及比例

类型	2000 年		2005 年		2010 年	
	面积/km²	比例/%	面积/km²	比例/%	面积/km²	比例/%
森林	5218.14	46.46	5190.97	46.22	5206.57	46.36
灌丛	2208.53	19.66	2186.44	19.47	2176.89	19.38
草地	110.05	0.98	111.49	0.99	113.38	1.01
湿地	231.32	2.06	229.44	2.04	230.48	2.05
农田	3099.18	27.59	3087.06	27.49	3037.06	27.04
城镇	338.36	3.01	396.21	3.53	436.52	3.89
荒漠	0.00	0.00	0.00	0.00	0.00	0.00
冰川/永久积雪	0.00	0.00	0.00	0.00	0.00	0.00
裸地	25.84	0.23	29.82	0.27	30.53	0.27

表 3-8　株洲市一级生态系统用地类型转移矩阵

年份	类型	森林	灌丛	草地	湿地	农田	城镇	荒漠	冰川/积雪	裸地
2000~2005	森林	5183.60	2.38	1.15	1.07	13.58	14.47	0.00	0.00	1.89
	灌丛	2.84	2182.45	0.33	1.19	10.70	8.44	0.00	0.00	2.58
	草地	0.59	0.01	109.40	0.00	0.04	0.01	0.00	0.00	0.00
	湿地	1.77	0.47	0.05	226.51	1.40	1.00	0.00	0.00	0.12
	农田	2.00	0.87	0.47	0.65	3060.75	33.50	0.00	0.00	0.94
	城镇	0.01	0.00	0.00	0.01	0.05	338.27	0.00	0.00	0.00
	荒漠	0.00	0.00	0.00	0.00	0.00	0.00	0.00	0.00	0.00
	冰川/积雪	0.00	0.00	0.00	0.00	0.00	0.00	0.00	0.00	0.00
	裸地	0.16	0.25	0.09	0.01	0.53	0.52	0.00	0.00	24.29
2005~2010	森林	5184.63	0.96	0.78	0.86	2.01	1.61	0.00	0.00	0.12
	灌丛	6.97	2174.98	1.18	0.12	1.29	1.38	0.00	0.00	0.52
	草地	0.82	0.10	110.38	0.01	0.18	0.00	0.00	0.00	0.00
	湿地	0.01	0.00	0.03	228.38	0.81	0.00	0.00	0.00	0.20
	农田	12.85	0.69	0.82	1.08	3030.72	36.85	0.00	0.00	4.04
	城镇	0.01	0.00	0.00	0.01	0.02	396.17	0.00	0.00	0.00
	荒漠	0.00	0.00	0.00	0.00	0.00	0.00	0.00	0.00	0.00
	冰川/积雪	0.00	0.00	0.00	0.00	0.00	0.00	0.00	0.00	0.00
	裸地	1.28	0.15	0.19	0.02	2.03	0.50	0.00	0.00	25.65
2000~2010	森林	5179.48	2.99	2.06	1.90	9.37	20.40	0.00	0.00	1.95
	灌丛	10.59	2171.60	1.37	0.92	9.88	12.81	0.00	0.00	1.37
	草地	1.24	0.09	108.56	0.01	0.14	0.01	0.00	0.00	0.00
	湿地	1.81	0.43	0.08	226.02	1.42	1.27	0.00	0.00	0.29
	农田	12.67	1.42	1.02	1.58	3015.42	62.81	0.00	0.00	4.25
	城镇	0.00	0.01	0.00	0.02	0.05	338.27	0.00	0.00	0.00
	荒漠	0.00	0.00	0.00	0.00	0.00	0.00	0.00	0.00	0.00
	冰川/积雪	0.00	0.00	0.00	0.00	0.00	0.00	0.00	0.00	0.00
	裸地	0.77	0.35	0.28	0.03	0.79	0.95	0.00	0.00	22.67

　　2000~2010 年株洲市一级生态系统中，森林面积比例最高，在 45% 以上，其次是农田和灌丛，草地和裸地面积比例最小。从 2000 年、2005 年、2010 年三个年度看，农田和林地减少较快、湿地略有减少，城镇增加较大，分布更广和分散，说明随着城市化进程的加快，林地、湿地、草地等自然生态系统在萎缩，而人工表面等人工生态系统面积在逐年扩张。

表 3-9　湘潭市一级生态系统面积及比例

类型	2000 年		2005 年		2010 年	
	面积/km²	比例/%	面积/km²	比例/%	面积/km²	比例/%
森林	1094.32	21.73	1081.64	21.48	1078.49	21.42
灌丛	1562.95	31.04	1548.45	30.75	1548.33	30.75
草地	30.99	0.62	31.12	0.62	31.13	0.62
湿地	127.36	2.53	128.63	2.55	130.38	2.59
农田	1952.00	38.77	1951.18	38.75	1940.11	38.53
城镇	266.18	5.29	293.06	5.82	305.54	6.07
荒漠	0.00	0.00	0.00	0.00	0.00	0.00
冰川/永久积雪	0.00	0.00	0.00	0.00	0.00	0.00
裸地	1.12	0.02	0.73	0.01	0.74	0.01

表 3-10　株洲市一级生态系统用地类型转移矩阵　　　　（单位：km²）

年份	类型	森林	灌丛	草地	湿地	农田	城镇	荒漠	冰川/积雪	裸地
2000～2005	森林	1078.70	1.02	0.06	0.48	5.80	8.25	0.00	0.00	0.02
	灌丛	2.12	1546.90	0.06	0.73	6.94	6.12	0.00	0.00	0.09
	草地	0.00	0.00	30.98	0.00	0.00	0.00	0.00	0.00	0.00
	湿地	0.00	0.01	0.00	127.59	0.06	0.04	0.00	0.00	0.00
	农田	0.80	0.52	0.01	0.18	1938.24	12.20	0.00	0.00	0.05
	城镇	0.00	0.01	0.00	0.01	0.06	266.10	0.00	0.00	0.00
	荒漠	0.00	0.00	0.00	0.00	0.00	0.00	0.00	0.00	0.00
	冰川/积雪	0.00	0.00	0.00	0.00	0.00	0.00	0.00	0.00	0.00
	裸地	0.01	0.01	0.00	0.09	0.08	0.35	0.00	0.00	0.58
2005～2010	森林	1078.43	0.09	0.00	0.86	0.04	2.21	0.00	0.00	0.02
	灌丛	0.00	1548.15	0.01	0.01	0.01	0.27	0.00	0.00	0.00
	草地	0.02	0.00	31.09	0.00	0.00	0.00	0.00	0.00	0.00
	湿地	0.01	0.01	0.00	129.02	0.01	0.04	0.00	0.00	0.00
	农田	0.03	0.07	0.02	0.77	1940.03	10.26	0.00	0.00	0.00
	城镇	0.00	0.02	0.00	0.27	0.02	292.75	0.00	0.00	0.00
	荒漠	0.00	0.00	0.00	0.00	0.00	0.00	0.00	0.00	0.00
	冰川/积雪	0.00	0.00	0.00	0.00	0.00	0.00	0.00	0.00	0.00
	裸地	0.00	0.00	0.00	0.00	0.00	0.01	0.00	0.00	0.72

续表

年份	类型	森林	灌丛	草地	湿地	农田	城镇	荒漠	冰川/积雪	裸地
	森林	1076.64	1.06	0.06	1.37	3.27	11.91	0.00	0.00	0.02
	灌丛	1.20	1546.73	0.10	0.87	3.58	10.36	0.00	0.00	0.11
	草地	0.02	0.00	30.96	0.00	0.00	0.00	0.00	0.00	0.00
	湿地	0.01	0.02	0.00	127.55	0.06	0.07	0.00	0.00	0.00
2000~2010	农田	0.60	0.49	0.01	0.80	1933.04	17.00	0.00	0.00	0.05
	城镇	0.00	0.02	0.00	0.25	0.07	265.84	0.00	0.00	0.00
	荒漠	0.00	0.00	0.00	0.00	0.00	0.00	0.00	0.00	0.00
	冰川/积雪	0.00	0.00	0.00	0.00	0.00	0.00	0.00	0.00	0.00
	裸地	0.01	0.01	0.00	0.09	0.08	0.37	0.00	0.00	0.57

2000~2010 年湘潭市一级生态系统中，农田面积比例最高，其次是灌丛和森林，草地和裸地面积比例最小。从 2000 年、2005 年、2010 年三个年度看，各类用地类型转移数量和速度相对不明显，农田和森林减少，灌丛和湿地略有增加，城镇增加较大，说明随着城市化进程的加快，部分生态用地在萎缩，而人工表面等人工生态系统面积在逐年扩张。

3.1.3 二级生态系统类型、结构及变化

采用基于回溯的土地覆盖变化检测和土地覆盖分类方法，完成长株潭主要城市土地覆盖分类和生态系统遥感信息提取，并进行变化检测。分析 2000 年、2005 年和 2010 年城市群和各城市生态系统类型的面积、比例、分布及其在 2000~2010 年的变化情况。不同年份间建成区生态系统类型的变化采用生态系统类型转移矩阵分析方法。长株潭城市群 2000 年、2005 年和 2010 年土地利用状况和二级生态系统类型面积结构及转化见图 3-6~图 3-8 和表 3-11、表 3-12。

图 3-6~图 3-8 和表 3-11、表 3-12 显示，在林地生态系统中，长株潭城市群面积最大的是常绿阔叶灌木林，其次是常绿针叶林，以乔木为主的林地面积较少、分布较小，南部山区多为常绿针叶林，北部山区多针阔混交林。从各类林地面积和分布来看，2000 年、2005 年、2010 年三个年度变化不大。草地生态系统中，二级生态系统全部为草丛。耕地中水田面积约为旱地的两倍，在三个年度有减少趋势，多分布在平坦、水源充足的平原、坡地，旱地多分布在丘陵、山地。长株潭的湿地类型主要是湖泊、水库和河流，河流占的面积最大，坑塘/水库萎缩较严重。人工表面生态系统中，居住用地所占面积较大、增长较快，工业用地和交通用地也有较快的增长。长沙、株洲、湘潭三个市 2000 年、2005 年和 2010 年二级生态系统面积、比例见表 3-13~表 3-15。

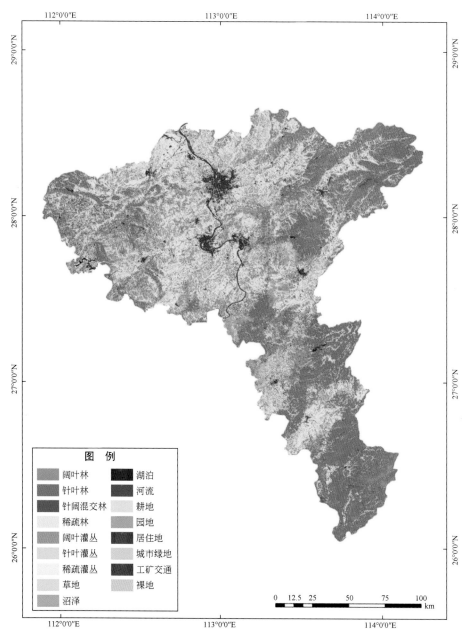

图 3-6　长株潭 2000 年土地利用图（二级生态系统分布图）

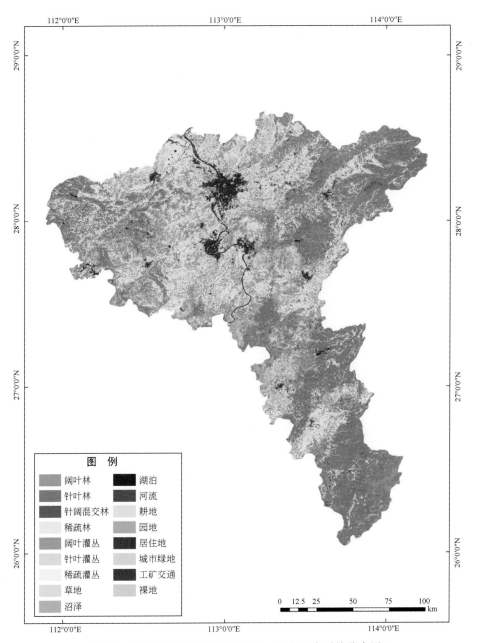

图 3-7　长株潭 2005 年土地利用图（二级生态系统分布图）

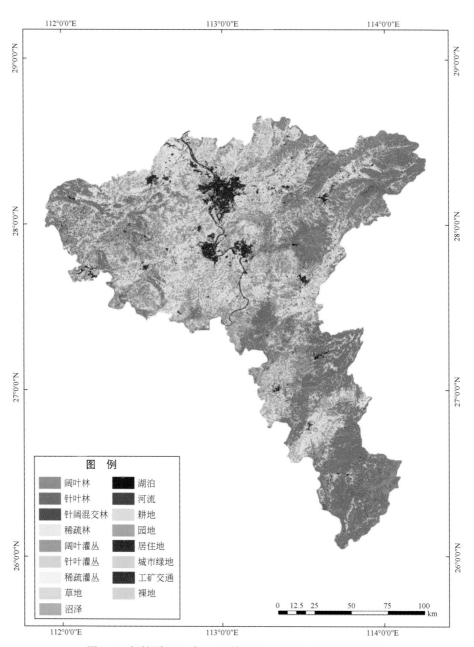

图 3-8　长株潭 2010 年土地利用图（二级生态系统分布图）

表 3-11　长株潭 2000 年、2005 年、2010 年二级生态系统面积及比例

类型	2000 年		2005 年		2010 年	
	面积/km²	比例/%	面积/km²	比例/%	面积/km²	比例/%
阔叶林	165 098.35	22.51	165 985.58	22.63	166 694.51	22.73
针叶林	188 703.95	25.73	189 323.17	25.81	189 504.66	25.84
针阔混交林	14 238.75	1.94	14 254.80	1.94	14 242.06	1.94
稀疏林	169.16	0.02	3.66	0	3.64	0
阔叶灌丛	91 359.37	12.46	90 932.36	12.40	90 523.25	12.34
针叶灌丛	14.68	0	14.68	0	17.93	0
稀疏灌丛	2541.04	0.35	2542.23	0.35	2557.60	0.35
草地	52 866.69	7.21	53 591.36	7.31	53 518.38	7.30
沼泽	113.43	0.02	128.91	0.02	100.10	0.01
湖泊	8036.86	1.10	7948.21	1.08	8161.23	1.11
河流	6226.63	0.85	6243.88	0.85	6213.14	0.85
耕地	170 437.51	23.24	166 654.90	22.72	163 820.26	22.34
园地	13 178.33	1.80	13 470.23	1.84	13 610.25	1.86
居住地	15 878.30	2.17	17 472.41	2.38	19 029.13	2.59
城市绿地	649.34	0.09	667.75	0.09	677.47	0.09
工矿交通	2513.15	0.34	2808.61	0.38	3622.33	0.49
荒漠	0	0	0	0	0	0
冰川/永久积雪	0	0	0	0	0	0
裸地	1362.20	0.19	1351.65	0.18	1103.18	0.15

表 3-12　长株潭二级生态系统用地类型转移矩阵

（单位：km²）

年份	类型	阔叶林	针叶林	针阔混交林	稀疏林	阔叶灌丛	针叶灌丛	稀疏灌丛	草地	沼泽	湖泊	河流	耕地	园地	居住地	城市绿地	工矿交通	荒漠	冰川/永久积雪	裸地
2000~2005	阔叶林	1092.29	2.46	0.00	0.00	0.57	0.00	0.00	0.05	0.00	0.27	0.14	3.99	0.00	0.32	0.00	0.48	0.00	0.00	0.03
	针叶林	4.92	8340.79	0.19	0.00	9.37	0.00	0.00	1.94	0.10	1.54	0.41	76.25	0.32	43.16	0.07	12.06	0.00	0.00	2.50
	针阔混交林	0.00	0.00	319.43	0.00	0.01	0.00	0.00	0.00	0.00	0.00	0.00	0.01	0.00	0.00	0.00	0.00	0.00	0.00	0.00
	稀疏林	0.00	0.00	0.00	0.00	0.00	0.00	0.00	0.00	0.00	0.00	0.00	0.00	0.00	0.00	0.00	0.00	0.00	0.00	0.00
	阔叶灌丛	0.19	13.70	0.09	0.00	6908.70	0.00	0.00	0.44	0.64	0.90	0.61	25.82	1.10	10.85	0.03	7.27	0.00	0.00	3.03
	针叶灌丛	0.00	0.00	0.00	0.00	0.00	0.00	0.00	0.00	0.00	0.00	0.00	0.00	0.00	0.00	0.00	0.00	0.00	0.00	0.00
	稀疏灌丛	0.00	0.00	0.00	0.00	0.00	0.00	0.00	0.00	0.00	0.00	0.00	0.00	0.00	0.00	0.00	0.01	0.00	0.00	0.00
	草地	0.01	0.70	0.00	0.00	0.05	0.00	0.00	197.39	0.00	0.00	0.00	0.20	0.00	0.03	0.00	0.01	0.00	0.00	0.00
	沼泽	0.00	0.18	0.00	0.00	0.00	0.00	0.00	0.00	29.62	0.00	0.31	0.56	0.00	0.01	0.00	0.00	0.00	0.00	0.12
	湖泊	0.18	1.40	0.00	0.00	0.48	0.00	0.00	0.05	0.04	206.52	0.13	0.96	0.00	0.76	0.01	0.24	0.00	0.00	0.12
	河流	0.00	0.04	0.00	0.00	0.01	0.00	0.00	0.00	0.00	0.24	379.67	0.08	0.00	0.07	0.00	0.00	0.00	0.00	0.00
	耕地	0.96	6.82	0.06	0.00	3.45	0.00	0.00	1.31	0.24	1.96	1.05	8720.76	0.12	116.39	0.30	28.22	0.00	0.00	3.15
	园地	0.00	0.00	0.00	0.00	0.00	0.00	0.00	0.00	0.00	0.01	0.03	0.08	284.07	0.00	0.00	0.03	0.00	0.00	0.00
	居住地	0.00	0.04	0.00	0.00	0.10	0.00	0.00	0.01	0.00	0.02	0.01	0.37	0.00	829.45	0.01	0.13	0.00	0.00	0.00
	城市绿地	0.00	0.00	0.00	0.00	0.00	0.00	0.00	0.00	0.00	0.00	0.00	0.00	0.00	0.00	2.51	0.00	0.00	0.00	0.00
	工矿交通	0.00	0.10	0.00	0.00	0.07	0.00	0.00	0.00	0.00	0.00	0.00	0.15	0.00	0.09	0.00	294.18	0.00	0.00	0.01
	荒漠	0.00	0.00	0.00	0.00	0.00	0.00	0.00	0.00	0.00	0.00	0.00	0.00	0.00	0.00	0.00	0.00	0.00	0.00	0.00
	冰川/永久积雪	0.00	0.00	0.00	0.00	0.00	0.00	0.00	0.00	0.00	0.00	0.00	0.00	0.00	0.00	0.00	0.00	0.00	0.00	0.00
	裸地	0.11	0.49	0.01	0.00	1.39	0.00	0.00	0.14	0.01	0.10	0.00	5.03	0.00	1.91	0.00	0.63	0.00	0.00	39.10

续表

年份	类型	阔叶林	针叶林	针阔混交林	稀疏林	阔叶灌丛	针叶灌丛	稀疏灌丛	草地	沼泽	湖泊	河流	耕地	园地	居住地	城市绿地	工矿交通	荒漠	冰川/永久积雪	裸地
2005~2010	阔叶林	1092.13	5.30	0.00	0.00	0.03	0.00	0.00	0.21	0.05	0.03	0.03	0.30	0.00	0.44	0.00	0.14	0.00	0.00	0.01
	针叶林	0.41	8345.30	0.03	0.00	1.27	0.00	0.00	1.30	0.01	1.28	0.38	2.02	0.01	6.79	0.00	7.78	0.00	0.00	0.13
	针阔混交林	0.00	0.02	319.68	0.00	0.00	0.00	0.00	0.04	0.00	0.00	0.00	0.00	0.00	0.05	0.00	0.02	0.00	0.00	0.00
	稀疏林	0.00	0.00	0.00	0.00	0.00	0.00	0.00	0.00	0.00	0.00	0.00	0.00	0.00	0.00	0.00	0.00	0.00	0.00	0.00
	阔叶灌丛	0.11	6.92	0.00	0.00	6912.04	0.00	0.00	1.19	0.00	0.13	0.01	1.32	0.04	1.42	0.00	0.47	0.00	0.00	0.53
	针叶灌丛	0.00	0.00	0.00	0.00	0.00	0.00	0.00	0.00	0.00	0.00	0.00	0.00	0.00	0.00	0.00	0.00	0.00	0.00	0.00
	稀疏灌丛	0.00	0.00	0.00	0.00	0.00	0.00	0.00	0.00	0.00	0.00	0.00	0.00	0.00	0.00	0.00	0.00	0.00	0.00	0.00
	草地	0.21	0.63	0.00	0.00	0.10	0.00	0.00	200.09	0.00	0.01	0.00	0.18	0.00	0.03	0.00	0.06	0.00	0.00	0.00
	沼泽	0.00	0.00	0.00	0.00	0.00	0.00	0.00	0.03	29.96	0.04	0.00	0.50	0.00	0.08	0.00	0.00	0.00	0.00	0.05
	湖泊	0.00	0.03	0.00	0.00	0.07	0.00	0.00	0.00	0.12	208.57	0.08	0.24	0.01	2.02	0.00	0.26	0.00	0.00	0.14
	河流	0.00	0.01	0.00	0.00	0.01	0.00	0.00	0.00	0.00	0.29	381.88	0.13	0.00	0.02	0.00	0.00	0.00	0.00	0.00
	耕地	0.46	12.64	0.01	0.00	1.07	0.00	0.00	1.13	0.83	1.69	0.45	8650.96	13.96	107.65	0.00	39.38	0.00	0.00	4.04
	园地	0.00	0.00	0.00	0.00	0.00	0.00	0.00	0.00	0.00	0.00	0.00	0.01	285.60	0.00	0.00	0.00	0.00	0.00	0.00
	居住地	0.00	0.01	0.00	0.00	0.03	0.00	0.00	0.01	0.00	0.27	0.65	0.23	0.00	1000.00	0.00	1.84	0.00	0.00	0.00
	城市绿地	0.00	0.00	0.00	0.00	0.00	0.00	0.00	0.00	0.01	0.01	0.00	0.00	0.00	0.08	2.81	0.01	0.00	0.00	0.00
	工矿交通	0.00	0.01	0.00	0.00	0.01	0.00	0.00	0.01	0.00	0.27	0.00	0.04	0.01	0.16	0.00	342.76	0.00	0.00	0.00
	荒漠	0.00	0.00	0.00	0.00	0.00	0.00	0.00	0.00	0.00	0.00	0.00	0.00	0.00	0.00	0.00	0.00	0.00	0.00	0.00
	冰川/永久积雪	0.00	0.00	0.00	0.00	0.00	0.00	0.00	0.00	0.00	0.00	0.00	0.00	0.00	0.00	0.00	0.00	0.00	0.00	0.00
	裸地	0.00	1.28	0.00	0.00	0.15	0.00	0.00	0.19	0.28	0.43	0.50	2.04	0.00	1.47	0.00	0.40	0.00	0.00	41.19

续表

年份	类型	阔叶林	针叶林	针阔混交林	稀疏林	阔叶灌丛	针叶灌丛	稀疏灌丛	草地	沼泽	湖泊	河流	耕地	园地	居住地	城市绿地	工矿交通	荒漠	冰川/永久积雪	裸地
	阔叶林	1086.42	7.59	0.00	0.00	0.57	0.00	0.00	0.44	0.03	0.31	0.14	2.68	1.12	0.50	0.00	0.77	0.00	0.00	0.02
	针叶林	5.09	8328.59	0.17	0.00	10.20	0.00	0.00	3.15	0.34	2.67	0.88	41.61	0.71	73.40	0.07	24.44	0.00	0.00	2.30
	针阔混交林	0.00	0.01	319.38	0.00	0.01	0.00	0.00	0.04	0.00	0.00	0.00	0.01	0.00	0.00	0.00	0.01	0.00	0.00	0.00
	稀疏林	0.00	0.00	0.00	0.00	0.00	0.00	0.00	0.00	0.00	0.00	0.00	0.00	0.00	0.00	0.00	0.00	0.00	0.00	0.00
	阔叶灌丛	0.37	16.28	0.10	0.00	6897.59	0.00	0.00	1.51	0.46	1.11	0.61	18.34	1.26	19.00	0.03	15.01	0.00	0.00	1.69
	针叶灌丛	0.00	0.00	0.00	0.00	0.00	0.00	0.00	0.00	0.00	0.00	0.00	0.00	0.00	0.00	0.00	0.00	0.00	0.00	0.00
	稀疏灌丛	0.00	0.00	0.00	0.00	0.00	0.00	0.00	0.00	0.00	0.00	0.00	0.00	0.00	0.00	0.00	0.00	0.00	0.00	0.00
	草地	0.05	1.30	0.00	0.00	0.14	0.00	0.00	196.50	0.00	0.01	0.00	0.25	0.00	0.07	0.00	0.07	0.00	0.00	0.00
2000～2010	沼泽	0.00	0.18	0.00	0.00	0.00	0.00	0.00	0.03	29.37	0.04	0.31	0.26	0.40	0.08	0.00	0.00	0.00	0.00	0.03
	湖泊	0.18	1.46	0.00	0.00	0.51	0.00	0.00	0.05	0.16	204.45	0.20	0.79	0.05	2.35	0.01	0.41	0.00	0.00	0.27
	河流	0.00	0.04	0.00	0.00	0.01	0.00	0.00	0.00	0.00	0.53	379.26	0.14	0.01	0.10	0.00	0.01	0.00	0.00	0.00
	耕地	1.09	15.48	0.07	0.00	4.05	0.00	0.00	2.12	0.78	2.91	1.47	8588.45	11.99	193.43	0.20	57.27	0.00	0.00	5.48
	园地	0.00	0.00	0.00	0.00	0.00	0.00	0.00	0.00	0.00	0.01	0.03	0.06	284.07	0.02	0.00	0.03	0.00	0.00	0.00
	居住地	0.00	0.02	0.00	0.00	0.12	0.00	0.00	0.01	0.00	0.24	0.58	0.37	0.00	828.30	0.01	0.47	0.00	0.00	0.00
	城市绿地	0.00	0.00	0.00	0.00	0.00	0.00	0.00	0.00	0.00	0.01	0.00	0.14	0.00	0.01	2.49	0.00	0.00	0.00	0.00
	工矿交通	0.00	0.10	0.00	0.00	0.08	0.00	0.00	0.00	0.00	0.27	0.01	0.13	0.02	0.16	0.00	293.84	0.00	0.00	0.00
	荒漠	0.00	0.00	0.00	0.00	0.00	0.00	0.00	0.00	0.00	0.00	0.00	0.00	0.00	0.00	0.00	0.00	0.00	0.00	0.00
	冰川/永久积雪	0.00	0.00	0.00	0.00	0.00	0.00	0.00	0.00	0.00	0.00	0.00	0.00	0.00	0.00	0.00	0.00	0.00	0.00	0.00
	裸地	0.11	1.08	0.01	0.00	1.49	0.00	0.00	0.33	0.12	0.48	0.50	4.90	0.01	2.78	0.00	0.79	0.00	0.00	36.32

表 3-13　长沙市 2000 年、2005 年、2010 年二级生态系统面积及比例

类型	2000 年		2005 年		2010 年	
	面积/km²	比例/%	面积/km²	比例/%	面积/km²	比例/%
阔叶林	513.20	4.35	514.98	4.37	515.07	4.37
针叶林	2873.82	24.38	2783.18	23.62	2770.67	23.51
针阔混交林	214.18	1.82	214.41	1.82	214.41	1.82
稀疏林	0.00	0.00	0.00	0.00	0.00	0.00
阔叶灌丛	3201.92	27.17	3189.33	27.06	3189.59	27.06
针叶灌丛	0.00	0.00	0.00	0.00	0.00	0.00
稀疏灌丛	0.00	0.00	0.00	0.00	0.00	0.00
草地	57.35	0.49	58.71	0.50	59.68	0.51
沼泽	5.92	0.05	5.57	0.05	6.51	0.06
湖泊	80.62	0.68	83.05	0.70	81.73	0.69
河流	176.13	1.49	177.42	1.51	178.63	1.52
耕地	4114.88	34.91	4078.66	34.61	3975.93	33.74
园地	2.94	0.02	2.97	0.03	4.50	0.04
居住地	428.77	3.64	541.02	4.59	624.68	5.30
城市绿地	0.00	0.00	0.06	0.00	0.00	0.00
工矿交通	93.93	0.80	118.88	1.01	149.39	1.27
荒漠	0.00	0.00	0.00	0.00	0.00	0.00
冰川/永久积雪	0.00	0.00	0.00	0.00	0.00	0.00
裸地	21.95	0.19	17.39	0.15	14.84	0.13

　　在林地生态系统中，长沙市面积最大的是阔叶灌丛林，其次是常绿针叶林，以乔木为主的阔叶林面积较少。在湿地生态系统中，以河流面积最大，其次是湖泊，农用地中以耕地为主。城镇用地主要是居住地为主。从 2000～2010 年的变化看，各类林业用地普遍减少，耕地减少较多，尤其是 2005～2010 年，湿地的二级生态系统略有增加，居住用地、工矿用地等城镇二级用地类型面积和比例增长快速。

表 3-14　株洲市 2000 年、2005 年、2010 年二级生态系统面积及比例

类型	2000 年		2005 年		2010 年	
	面积/km²	比例/%	面积/km²	比例/%	面积/km²	比例/%
阔叶林	565.14	5.03	560.94	4.99	555.71	4.95
针叶林	4594.49	40.91	4571.45	40.70	4592.33	40.89
针阔混交林	58.51	0.52	58.58	0.52	58.53	0.52
稀疏林	0.00	0.00	0.00	0.00	0.00	0.00
阔叶灌丛	2208.53	19.66	2186.44	19.47	2176.89	19.38
针叶灌丛	0.00	0.00	0.00	0.00	0.00	0.00
稀疏灌丛	0.00	0.00	0.00	0.00	0.00	0.00
草地	110.05	0.98	111.49	0.99	113.38	1.01
沼泽	24.43	0.22	24.63	0.22	24.21	0.22
湖泊	67.88	0.60	64.86	0.58	66.56	0.59
河流	139.02	1.24	139.95	1.25	139.71	1.24
耕地	2819.50	25.10	2806.01	24.98	2743.59	24.43
园地	279.68	2.49	281.05	2.50	293.47	2.61
居住地	226.03	2.01	269.31	2.40	298.29	2.66
城市绿地	2.51	0.02	2.87	0.03	2.81	0.03
工矿交通	109.81	0.98	124.04	1.10	135.42	1.21
荒漠	0.00	0.00	0.00	0.00	0.00	0.00
冰川/永久积雪	0.00	0.00	0.00	0.00	0.00	0.00
裸地	25.84	0.23	29.82	0.27	30.53	0.27

在林地生态系统中，株洲市面积最大的是针叶林，占土地总面积的40%以上，其次是阔叶灌丛林，占土地总面积的近20%，以乔木为主的阔叶林面积较少。在湿地生态系统中，以河流面积最大，其次是湖泊，农用地中以耕地为主。城镇用地主要是居住地为主。从2000～2010年的变化看，各类林业用地普遍减少，草地略有增加，耕地减少较多，湿地的二级生态系统略有增加，居住用地、工矿用地等城镇二级用地类型面积和比例增长快速。

表 3-15　湘潭市 2000 年、2005 年、2010 年二级生态系统面积及比例

类型	2000 年		2005 年		2010 年	
	面积/km²	比例/%	面积/km²	比例/%	面积/km²	比例/%
阔叶林	22.25	0.44	22.74	0.45	22.55	0.45
针叶林	1025.31	20.36	1012.09	20.10	1009.15	20.04
针阔混交林	46.76	0.93	46.81	0.93	46.78	0.93
稀疏林	0.00	0.00	0.00	0.00	0.00	0.00
阔叶灌丛	1562.95	31.04	1548.45	30.75	1548.33	30.75
针叶灌丛	0.00	0.00	0.00	0.00	0.00	0.00
稀疏灌丛	0.00	0.00	0.00	0.00	0.00	0.00
草地	30.99	0.62	31.12	0.62	31.13	0.62
沼泽	0.00	0.00	0.00	0.00	0.00	0.00
湖泊	62.40	1.24	63.65	1.26	64.73	1.29
河流	64.95	1.29	64.98	1.29	65.65	1.30
耕地	1950.41	38.74	1949.59	38.72	1938.45	38.50
园地	1.59	0.03	1.60	0.03	1.66	0.03
居住地	175.32	3.48	192.72	3.83	197.24	3.92
城市绿地	0.00	0.00	0.00	0.00	0.00	0.00
工矿交通	90.86	1.80	100.34	1.99	108.30	2.15
荒漠	0.00	0.00	0.00	0.00	0.00	0.00
冰川/永久积雪	0.00	0.00	0.00	0.00	0.00	0.00
裸地	1.12	0.02	0.73	0.01	0.74	0.01

　　在林地生态系统中，湘潭市面积最大的是阔叶灌丛林，其次是针叶林，以乔木为主的阔叶林面积较少。在湿地生态系统中，河流面积、比例和湖泊相近，都在 65km² 左右，农用地中以耕地为主。城镇用地主要是居住地为主。从 2000～2010 年的变化看，各类林业用地普遍减少，耕地减少较多，尤其是 2005～2010 年间，湿地的二级生态系统略有增加，居住用地、工矿用地等城镇二级用地类型面积和比例增长快速。

3.1.4　三级生态系统类型、结构及变化

　　根据《全国生态环境十年变化（2000～2010 年）遥感调查与评估项目》生态系统类型遥感解译数据关于长株潭城市群的数据，得到长株潭城市群 2000 年、2005 年和 2010 年土地利用状况和三级生态系统类型面积，见图 3-9～图 3-11 和表 3-16。

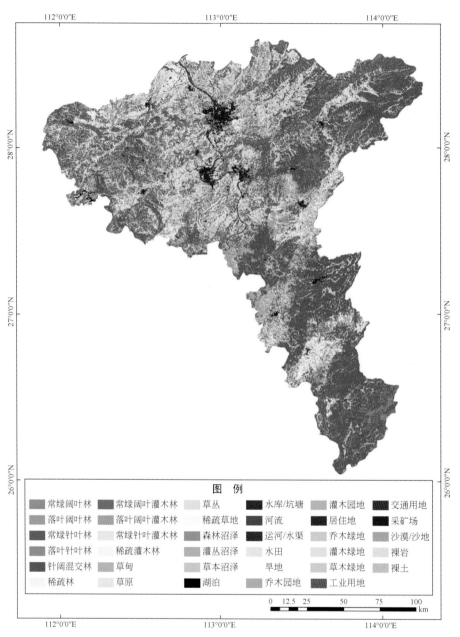

图 3-9　长株潭 2000 年土地利用图（三级生态系统分布图）

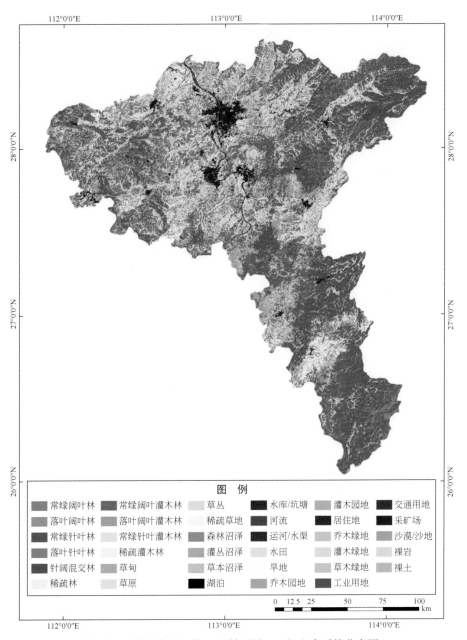

图 3-10　长株潭 2005 年土地利用图（三级生态系统分布图）

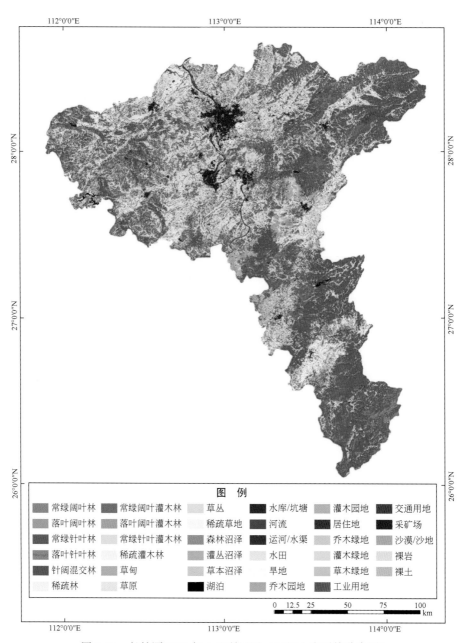

图 3-11　长株潭 2010 年土地利用图（三级生态系统分布图）

表 3-16　长株潭 2000 年、2005 年、2010 年三级生态系统面积及比例

类型	2000 年		2005 年		2010 年	
	面积/km²	比例/%	面积/km²	比例/%	面积/km²	比例/%
常绿阔叶林	150 396.82	20.51	150 957.36	20.58	151 290.72	20.63
落叶阔叶林	14 701.53	2.00	15 028.21	2.05	15 403.79	2.10
常绿针叶林	188 695.57	25.73	189 314.62	25.81	189 496.12	25.84
落叶针叶林	8.38	0.00	8.55	0.00	8.55	0.00
针阔混交林	14 238.75	1.94	14 254.80	1.94	14 242.06	1.94
常绿阔叶灌木林	72 572.03	9.90	72 191.98	9.84	71 866.87	9.80
落叶阔叶灌木林	18 787.34	2.56	18 740.39	2.56	18 656.39	2.54
常绿针叶灌木林	14.68	0.00	14.68	0.00	17.93	0.00
乔木园地	8026.80	1.09	8244.21	1.12	8275.33	1.13
灌木园地	5151.53	0.70	5226.01	0.71	5334.92	0.73
乔木绿地	546.84	0.07	566.01	0.08	574.02	0.08
灌木绿地	52.14	0.01	50.66	0.01	50.50	0.01
草甸	5.14	0.00	4.01	0.00	0.89	0.00
草原	0.00	0.00	0.00	0.00	0.00	0.00
草丛	52 343.52	7.14	53 028.93	7.23	52 892.12	7.21
草本绿地	50.36	0.01	51.09	0.01	52.95	0.01
森林湿地	7.86	0.00	7.92	0.00	6.07	0.00
灌丛湿地	21.96	0.00	24.06	0.00	22.10	0.00
草本湿地	83.61	0.01	96.94	0.01	71.93	0.01
湖泊	1034.02	0.14	1038.43	0.14	1054.73	0.14
水库/坑塘	7002.83	0.95	6909.78	0.94	7106.50	0.97
河流	6218.03	0.85	6235.22	0.85	6204.16	0.85
运河/水渠	8.60	0.00	8.66	0.00	8.99	0.00
水田	63 423.65	8.65	62 789.43	8.56	61 825.85	8.43
旱地	107 013.86	14.59	103 865.47	14.16	101 994.41	13.91
居住地	15 878.30	2.17	17 472.41	2.38	19 029.13	2.59
工业用地	739.84	0.10	836.96	0.11	1317.42	0.18
交通用地	1568.55	0.21	1716.73	0.23	1994.71	0.27
采矿场	204.77	0.03	254.92	0.03	310.20	0.04
稀疏林	169.16	0.02	3.66	0.00	3.64	0.00
稀疏灌木林	2541.04	0.35	2542.23	0.35	2557.60	0.35
稀疏草地	518.03	0.07	558.43	0.08	625.37	0.09
苔藓/地衣	0.00	0.00	0.00	0.00	0.00	0.00

类型	2000 年		2005 年		2010 年	
	面积/km²	比例/%	面积/km²	比例/%	面积/km²	比例/%
裸岩	485.83	0.07	486.32	0.07	483.67	0.07
裸土	836.92	0.11	826.41	0.11	580.60	0.08
沙漠/沙地	39.44	0.01	38.92	0.01	38.91	0.01
盐碱地	0.00	0.00	0.00	0.00	0.00	0.00
冰川/永久积雪	0.00	0.00	0.00	0.00	0.00	0.00

图 3-9 ~ 图 3-11 和表 3-16 的长株潭城市群三级生态系统显示：在阔叶林二级生态系统中，常绿阔叶林面积、比例要远远高于落叶阔叶林，针叶林二级生态系统中，常绿针叶林业占了绝对优势。在灌木林二级生态系统中面积最大的是常绿阔叶灌木林，其次是落叶阔叶灌木林，草地系统主要以草丛为主，湿地系统以水库、坑塘和河流为主。耕地中水田面积约为旱地的两倍，城镇建设用地中，居住用地占了绝对优势。从各类林地面积和分布来看，2000 年、2005 年、2010 年三个年度变化不大，耕地在三个年度有减少趋势，多分布在平坦、水源充足的平原、坡地，旱地多分布在丘陵、山地。长株潭的湿地类型主要是湖泊、水库和河流，河流占的面积最大，坑塘/水库萎缩较严重。人工表面生态系统中，居住用地所占面积较大，增长较快，工业用地和交通用地也有较快的增长。长沙、株洲、湘潭三市 2000 年、2005 年和 2010 年三级生态系统面积、比例见表 3-17 ~ 表 3-19。

表 3-17　长沙市 2000 年、2005 年、2010 年三级生态系统面积及比例

类型	2000 年		2005 年		2010 年	
	面积/km²	比例/%	面积/km²	比例/%	面积/km²	比例/%
常绿阔叶林	472.12	4.01	474.17	4.02	474.02	4.02
落叶阔叶林	41.08	0.35	40.81	0.35	41.05	0.35
常绿针叶林	2873.82	24.38	2783.18	23.62	2770.67	23.51
落叶针叶林	0.00	0.00	0.00	0.00	0.00	0.00
针阔混交林	214.18	1.82	214.41	1.82	214.41	1.82
常绿阔叶灌木林	2783.00	23.61	2778.55	23.58	2778.90	23.58
落叶阔叶灌木林	418.92	3.55	410.78	3.49	410.69	3.48
常绿针叶灌木林	0.00	0.00	0.00	0.00	0.00	0.00
乔木园地	2.94	0.02	2.97	0.03	2.97	0.03
灌木园地	0.00	0.00	0.00	0.00	1.53	0.01
乔木绿地	0.00	0.00	0.06	0.00	0.00	0.00
灌木绿地	0.00	0.00	0.00	0.00	0.00	0.00
草甸	0.00	0.00	0.00	0.00	0.00	0.00

类型	2000 年		2005 年		2010 年	
	面积/km²	比例/%	面积/km²	比例/%	面积/km²	比例/%
草原	0.00	0.00	0.00	0.00	0.00	0.00
草丛	57.35	0.49	58.71	0.50	59.68	0.51
草本绿地	0.00	0.00	0.00	0.00	0.00	0.00
森林湿地	2.15	0.02	2.16	0.02	2.81	0.02
灌丛湿地	0.00	0.00	0.00	0.00	0.00	0.00
草本湿地	3.76	0.03	3.41	0.03	3.70	0.03
湖泊	11.25	0.10	11.39	0.10	11.41	0.10
水库/坑塘	69.37	0.59	71.66	0.61	70.32	0.60
河流	176.06	1.49	177.35	1.50	178.56	1.52
运河/水渠	0.07	0.00	0.07	0.00	0.07	0.00
水田	3178.16	26.97	3065.50	26.01	3010.70	25.55
旱地	936.72	7.95	1013.17	8.60	965.23	8.19
居住地	428.77	3.64	541.02	4.59	624.68	5.30
工业用地	6.53	0.06	16.88	0.14	20.41	0.17
交通用地	87.02	0.74	101.57	0.86	128.41	1.09
采矿场	0.38	0.00	0.42	0.00	0.57	0.00
稀疏林	0.00	0.00	0.00	0.00	0.00	0.00
稀疏灌木林	0.00	0.00	0.00	0.00	0.00	0.00
稀疏草地	0.00	0.00	0.00	0.00	0.00	0.00
苔藓/地衣	0.00	0.00	0.00	0.00	0.00	0.00
裸岩	13.97	0.12	17.16	0.15	14.59	0.12
裸土	7.98	0.07	0.23	0.00	0.25	0.00
沙漠/沙地	0.00	0.00	0.00	0.00	0.00	0.00
盐碱地	0.00	0.00	0.00	0.00	0.00	0.00
冰川/永久积雪	0.00	0.00	0.00	0.00	0.00	0.00

　　长沙市三级生态系统显示：在阔叶林二级生态系统中，常绿阔叶林面积、比例要远远高于落叶阔叶林，针叶林二级生态系统中，常绿针叶林业占了绝对优势。在灌木林二级生态系统中面积最大的是常绿阔叶灌木林，其次是落叶阔叶灌木林，草地系统全部是草丛，湿地系统以河流和水库、坑塘为主。耕地中水田面积是旱地的 3 倍以上，城镇建设用地中，居住用地占了绝对优势。从 2000 年、2005 年、2010 年三个年度变化来看，各类林地面积和分布变化不大，耕地在三个年度有减少趋势，多分布在平坦、水源充足的平原、坡地，旱地多分布在丘陵、山地。湿地类型主要是湖泊、水库和河流，河流占的面积最大，坑塘/水库萎缩较严重。人工表面生态系统中，居住用地所占面积较大，增长较快，工业

用地和交通用地也有较快的增长。

表 3-18 株洲市 2000 年、2005 年、2010 年三级生态系统面积及比例

类型	2000 年		2005 年		2010 年	
	面积/km²	比例/%	面积/km²	比例/%	面积/km²	比例/%
常绿阔叶林	439.32	3.91	434.01	3.86	429.23	3.82
落叶阔叶林	125.81	1.12	126.93	1.13	126.48	1.13
常绿针叶林	4594.49	40.91	4571.45	40.70	4592.33	40.89
落叶针叶林	0.00	0.00	0.00	0.00	0.00	0.00
针阔混交林	58.51	0.52	58.58	0.52	58.53	0.52
常绿阔叶灌木林	1539.58	13.71	1541.96	13.73	1538.17	13.70
落叶阔叶灌木林	668.95	5.96	644.48	5.74	638.72	5.69
常绿针叶灌木林	0.00	0.00	0.00	0.00	0.00	0.00
乔木园地	0.34	0.00	0.21	0.00	3.81	0.03
灌木园地	279.34	2.49	280.84	2.50	289.66	2.58
乔木绿地	2.51	0.02	2.87	0.03	2.81	0.03
灌木绿地	0.00	0.00	0.00	0.00	0.00	0.00
草甸	0.00	0.00	0.00	0.00	0.00	0.00
草原	0.00	0.00	0.00	0.00	0.00	0.00
草丛	110.05	0.98	111.49	0.99	113.38	1.01
草本绿地	0.00	0.00	0.00	0.00	0.00	0.00
森林湿地	0.00	0.00	0.00	0.00	0.00	0.00
灌丛湿地	0.00	0.00	0.00	0.00	0.00	0.00
草本湿地	24.43	0.22	24.63	0.22	24.21	0.22
湖泊	25.97	0.23	24.71	0.22	24.38	0.22
水库/坑塘	41.91	0.37	40.15	0.36	42.18	0.38
河流	139.02	1.24	139.95	1.25	139.71	1.24
运河/水渠	0.00	0.00	0.00	0.00	0.00	0.00
水田	1761.41	15.68	1765.86	15.72	1729.99	15.40
旱地	1058.09	9.42	1040.15	9.26	1013.60	9.02
居住地	226.03	2.01	269.31	2.40	298.29	2.66
工业用地	8.99	0.08	11.13	0.10	12.01	0.11
交通用地	100.73	0.90	112.52	1.00	123.03	1.10
采矿场	0.10	0.00	0.39	0.00	0.39	0.00
稀疏林	0.00	0.00	0.00	0.00	0.00	0.00
稀疏灌木林	0.00	0.00	0.00	0.00	0.00	0.00
稀疏草地	0.00	0.00	0.00	0.00	0.00	0.00

类型	2000 年		2005 年		2010 年	
	面积/km²	比例/%	面积/km²	比例/%	面积/km²	比例/%
苔藓/地衣	0.00	0.00	0.00	0.00	0.00	0.00
裸岩	18.39	0.16	22.18	0.20	19.41	0.17
裸土	7.46	0.07	7.64	0.07	11.12	0.10
沙漠/沙地	0.00	0.00	0.00	0.00	0.00	0.00
盐碱地	0.00	0.00	0.00	0.00	0.00	0.00
冰川/永久积雪	0.00	0.00	0.00	0.00	0.00	0.00

株洲市的三级生态系统显示：在阔叶林二级生态系统中，常绿阔叶林面积、比例要远远高于落叶阔叶林，针叶林二级生态系统中，全部是常绿针叶林，在灌木林二级生态系统中面积最大的是常绿阔叶灌木林，其次是落叶阔叶灌木林，草地系统全部是草丛，湿地系统以河流和水库、坑塘为主；耕地中，水田面积大于旱地面积；城镇建设用地中，居住用地面积最大，其次是交通用地。从 2000 年、2005 年、2010 年三个年度变化来看，各类林地面积和分布变化不大，耕地在三个年度有减少趋势，多分布在平坦、水源充足的平原、坡地，旱地多分布在丘陵、山地。湿地类型主要是湖泊、水库和河流，河流占的面积最大，坑塘/水库萎缩较严重。人工表面生态系统中，居住用地所占面积较大，增长较快，工业用地和交通用地也有较快的增长。

表 3-19　湘潭市 2000 年、2005 年、2010 年三级生态系统面积及比例

类型	2000 年		2005 年		2010 年	
	面积/km²	比例/%	面积/km²	比例/%	面积/km²	比例/%
常绿阔叶林	13.94	0.28	14.37	0.29	14.30	0.28
落叶阔叶林	8.31	0.16	8.37	0.17	8.25	0.16
常绿针叶林	1025.31	20.36	1012.09	20.10	1009.15	20.04
落叶针叶林	0.00	0.00	0.00	0.00	0.00	0.00
针阔混交林	46.76	0.93	46.81	0.93	46.78	0.93
常绿阔叶灌木林	1333.95	26.49	1331.46	26.45	1331.44	26.45
落叶阔叶灌木林	229.00	4.55	216.99	4.31	216.89	4.31
常绿针叶灌木林	0.00	0.00	0.00	0.00	0.00	0.00
乔木园地	1.59	0.03	1.60	0.03	1.59	0.03
灌木园地	0.00	0.00	0.00	0.00	0.07	0.00
乔木绿地	0.00	0.00	0.00	0.00	0.00	0.00
灌木绿地	0.00	0.00	0.00	0.00	0.00	0.00
草甸	0.00	0.00	0.00	0.00	0.00	0.00
草原	0.00	0.00	0.00	0.00	0.00	0.00

类型	2000 年		2005 年		2010 年	
	面积/km²	比例/%	面积/km²	比例/%	面积/km²	比例/%
草丛	30.99	0.62	31.12	0.62	31.13	0.62
草本绿地	0.00	0.00	0.00	0.00	0.00	0.00
森林湿地	0.00	0.00	0.00	0.00	0.00	0.00
灌丛湿地	0.00	0.00	0.00	0.00	0.00	0.00
草本湿地	0.00	0.00	0.00	0.00	0.00	0.00
湖泊	31.06	0.62	31.41	0.62	31.75	0.63
水库/坑塘	31.34	0.62	32.23	0.64	32.98	0.66
河流	64.95	1.29	64.98	1.29	65.65	1.30
运河/水渠	0.00	0.00	0.00	0.00	0.00	0.00
水田	1310.00	26.02	1301.17	25.84	1295.38	25.73
旱地	640.40	12.72	648.42	12.88	643.07	12.77
居住地	175.32	3.48	192.72	3.83	197.24	3.92
工业用地	10.01	0.20	13.95	0.28	16.92	0.34
交通用地	80.31	1.60	85.78	1.70	90.78	1.80
采矿场	0.55	0.01	0.61	0.01	0.61	0.01
稀疏林	0.00	0.00	0.00	0.00	0.00	0.00
稀疏灌木林	0.00	0.00	0.00	0.00	0.00	0.00
稀疏草地	0.00	0.00	0.00	0.00	0.00	0.00
苔藓/地衣	0.00	0.00	0.00	0.00	0.00	0.00
裸岩	0.26	0.01	0.32	0.01	0.32	0.01
裸土	0.86	0.02	0.41	0.01	0.43	0.01
沙漠/沙地	0.00	0.00	0.00	0.00	0.00	0.00
盐碱地	0.00	0.00	0.00	0.00	0.00	0.00
冰川/永久积雪	0.00	0.00	0.00	0.00	0.00	0.00

湘潭市三级生态系统显示：在阔叶林二级生态系统中，常绿阔叶林面积、比例高于落叶阔叶林，针叶林二级生态系统中，常绿针叶林业占了绝对优势，在灌木林二级生态系统中面积最大的是常绿阔叶灌木林，其次是落叶阔叶灌木林；草地系统全部是草丛；湿地系统中河流面积比例最大，湖泊和水库、坑塘面积比例相当；耕地中水田面积是旱地的三倍以上，城镇建设用地中，居住用地占了绝对优势。从 2000 年、2005 年、2010 年三个年度变化来看，各类林地面积和分布变化不大，耕地在三个年度有减少趋势，多分布在平坦、水源充足的平原、坡地，旱地多分布在丘陵、山地。湿地类型主要是湖泊、水库和河流，河流占的面积最大，坑塘/水库萎缩较严重。人工表面生态系统中，居住用地所占面积较大，增长较快，工业用地和交通用地也有较快的增长。

3.2　生态质量变化

生态环境质量是指生态环境的优劣程度，反映生态环境对人类生存及社会经济持续发展的适宜程度，可根据人类的具体要求对生态环境的性质及变化状态的结果进行评定。本节采用植被破碎化程度和植被覆盖等方面的指标进行生态质量及其变化的评价。

3.2.1　植被破碎化程度

采用蔓延度指数（CONTAG）、最大斑块所占景观面积的比例（LPI）、斑块个数（NP）、面积和斑块密度四个指标来评估。

3.2.1.1　蔓延度指数（CONTAG）

CONTAG 等于景观中各斑块类型所占景观面积乘以各斑块类型之间相邻的格网单元数目占总相邻的格网单元数目的比例，乘以该值的自然对数之后的各斑块类型之和，除以 2 倍的斑块类型总数的自然对数，其值加 1 后再转化为百分比的形式。理论上，CONTAG 值较小时表明景观中存在许多小斑块；趋于 100 时表明景观中有连通度极高的优势斑块类型存在。CONTAG 指标描述的是景观里不同斑块类型的团聚程度或延展趋势。由于该指标包含空间信息，是描述景观格局的最重要的指数之一。一般来说，高蔓延度值说明景观中的某种优势斑块类型形成了良好的连接性；反之则表明景观是具有多种要素的密集格局，景观的破碎化程度较高。而且研究发现蔓延度和优势度这两个指标的最大值出现在同一个景观样区。

图 3-12 显示，长沙市的林地、灌丛、草地、湿地、农田、城镇和裸地几类土地覆盖类型中，灌丛的斑块蔓延度指数最大，其次是林地和农田，草地和裸地的斑块蔓延度指数很小，说明灌丛、林地和农田中有连通度极高的优势斑块类型存在，而草地和裸地中存在许多小斑块。从各类土地覆盖 2000～2010 年斑块蔓延度指数来看，林地和农田的斑块蔓延度指数减少较大，说明这两种用地类型连通性变差，小斑块增加，而城镇斑块蔓延度指数增加较大，说明该类土地覆盖类型斑块的连通性变好或小斑块变少。

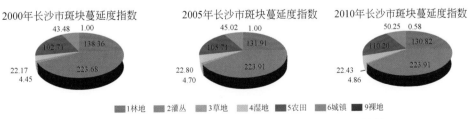

图 3-12　2000 年、2005 年、2010 年长沙市斑块蔓延度指数

注：1，2，3，4，5，6，9 分别代表林地、灌丛、草地、湿地、农田、城镇和裸地，以下同

图 3-13 显示，株洲市的林地、灌丛、草地、湿地、农田、城镇和裸地几类土地覆盖类型中，灌丛的斑块蔓延度指数最大，其次是农田和林地，草地和裸地的斑块蔓延度指数很小，说明灌丛、林地和农田中有连通度极高的优势斑块类型存在，而草地和裸地中存在许多小斑块。从各类土地覆盖 2000～2010 年斑块蔓延度指数来看，林地和湿地的斑块蔓延度指数减少较大，说明这两种用地类型连通性变差，小斑块增加，而城镇斑块蔓延度指数增加较大，说明该类土地覆盖类型斑块的连通性变好或小斑块变少。

图 3-13   2000 年、2005 年、2010 年株洲市斑块蔓延度指数

图 3-14 显示，湘潭市的林地、灌丛、草地、湿地、农田、城镇和裸地几类土地覆盖类型中，灌丛的斑块蔓延度指数最大，其次是林地和农田，草地和裸地的斑块蔓延度指数很小，说明灌丛、林地和农田中有连通度极高的优势斑块类型存在，而草地和裸地中存在许多小斑块。从各类土地覆盖 2000～2010 年斑块蔓延度指数来看，灌丛、林地和农田的斑块蔓延度指数减少较大，说明这三种用地类型联通性变差，小斑块增加，而城镇斑块蔓延度指数增加较大，说明该类土地覆盖类型斑块的联通性变好或小斑块变少。

图 3-14   2000 年、2005 年、2010 年湘潭市斑块蔓延度指数

从三个城市各类用地的斑块蔓延度指数来看，长沙市的林地和灌丛最大，超过 100，湘潭市的最小；株洲市的草地最大，超过 10%，长沙和株洲的湿地相似，都大于湘潭市，长沙市和株洲市农田斑块蔓延度指数大于或接近 100，而湘潭市的只有 60 多，长沙市的城镇斑块蔓延度指数最高，到 2010 年超过 50，而湘潭市只有其一半左右。

3.2.1.2 最大斑块所占景观面积的比例（LPI）

LPI 等于某一斑块类型中的最大斑块占据整个景观面积的比例，主要用于确定景观的模地或优势类型等。其值的大小决定着景观中的优势种、内部种的丰度等生态特征；其值的变化可以改变干扰的强度和频率，反映人类活动的方向和强弱。2000 年、2005 年和 2010 年长株潭三个市最大斑块所占景观面积的比例如图 3-15～图 3-17 所示。

如图 3-15 所示，长沙市的林地、灌丛、草地、湿地、农田、城镇和裸地几类土地覆盖类型中，农田的最大斑块所占景观面积的比例最大，达到 34%，其次是林地和灌丛，最小的是裸地和草地。这在一定程度上说明农田、林地和灌丛的优势种突出，而裸地和草地没有优势种。从 2000～2010 年的时间变化趋势上看，除了城镇的最大斑块所占景观面积的比例增加较快以外，其他几类土地覆盖类型年度变化不大，这与城镇建设用地扩展较快的趋势一致。

图 3-15　长沙市 2000 年、2005 年和 2010 年最大斑块所占景观面积的比例

如图 3-16 所示，株洲市的林地、灌丛、草地、湿地、农田、城镇和裸地几类土地覆盖类型中，林地的最大斑块所占景观面积的比例最大，达到 45% 以上，其次是农田和灌丛，最小的是裸地和草地。这在一定程度上说明林地、农田和灌丛的优势种突出，而裸地和草地没有优势种。从 2000～2010 年的时间变化趋势上看，最大斑块所占景观面各类土地覆盖类型年度变化都不大，说明人类活动对各类斑块的扰动影响不大。

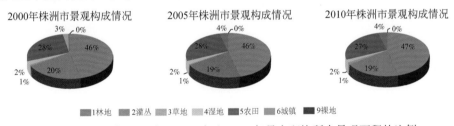

图 3-16　株洲市 2000 年、2005 年和 2010 年最大斑块所占景观面积的比例

如图 3-17 所示，湘潭市的林地、灌丛、草地、湿地、农田、城镇和裸地几类土地覆盖类型中，农田的最大斑块所占景观面积的比例最大，接近 40%，其次是灌丛和林地，最小的是裸地和草地。这在一定程度上说明农田、灌丛和林地的优势种突出，而裸地和草地基本没有优势种。从 2000～2010 年的变化趋势上看，城镇的最大斑块所占景观面各类土

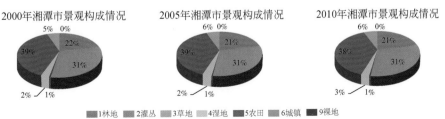

图 3-17　湘潭市 2000 年、2005 年和 2010 年最大斑块所占景观面积的比例

地覆盖类型略有增加，农田和林地略有减少，其他年度变化不大，说明人类活动对各类斑块的扰动影响不大。

三市相比较，林地最大斑块所占景观面积比例最大的是株洲市，大于45%，最小的是湘潭市，略高于20%，不到株洲市的一半；灌丛最大斑块所占景观面积比例最大的是湘潭市；三市草地最大斑块所占景观面积的比例都很低，都只有1%；三市湿地最大斑块所占景观面积的比例为2%~3%；湘潭市的农田最大斑块所占景观面积的比例最高，近40%；而三市的城镇最大斑块所占景观面积的比例接近，均为4%~6%。

3.2.1.3 斑块个数（NP）、面积（CA）和密度（PD）

NP在类型级别上等于景观中某一拼块类型的斑块总个数；在景观级别上等于景观中所有的斑块总数。NP反映景观的空间格局，经常被用来描述整个景观的异质性，其值的大小与景观的破碎度也有很好的正相关性，一般规律是NP大，破碎度高；NP小，破碎度低。NP对许多生态过程都有影响，如可以决定景观中各种物种及其次生种的空间分布特征；改变物种间相互作用和协同共生的稳定性。而且，NP对景观中各种干扰的蔓延程度有重要的影响，如某类拼块数目多且比较分散时，则对某些干扰的蔓延（虫灾、火灾等）有抑制作用。CA等于某一斑块类型中所有斑块的面积之和（m²）除以10 000后转化为hm²，即某斑块类型的总面积，它有很重要的生态意义，其值制约着以此类型斑块作为聚居地的物种的丰度、数量、食物链及其次生种的繁殖等。PD等于景观斑块中斑块数除以总景观面积（m²），再乘以10 000，再乘以100（转化成100hm²）。斑块密度和斑块数有非常类似的基本功能，除了它表达的是单位面积上的斑块数，而这有利于不同大小景观间的比较。当然，如总景观面积一定，那么斑块密度和斑块数传达同样的信息。和斑块数类似，斑块密度自身在解释价值方面有些不足，因为它没有包含关于斑块大小及其分布的信息。长株潭三市斑块数量、面积和密度分别如图3-20~图3-22所示。

图3-18显示，2000年，长株潭灌丛的斑块数量最大，其次是林地和农田，草地和裸地的斑块数量最少。斑块面积所占比重中，以林地、灌丛和农田最大。三市中，长沙市的灌丛斑块个数最多，其次是林地，农田斑块面积所占比重最大，其次是林地；株洲市的灌

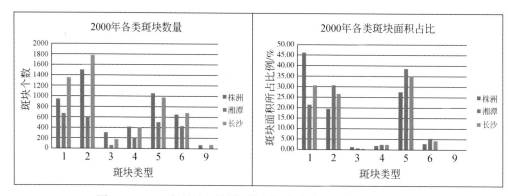

图3-18 2000年长沙、株洲、湘潭三市各类斑块数量、面积比重

丛斑块个数最多，其次是农田，林地斑块面积所占比重最大，其次是农田；湘潭市的林地斑块个数最多，其次是灌丛，农田斑块面积所占比重最大，其次是灌丛。

图 3-19 显示，2005 年，长株潭灌丛的斑块数量最大，其次是林地和农田，草地和裸地的斑块数量最少。斑块面积所占比重中，以林地、灌丛和农田最大；三个市中，长沙市的灌丛斑块个数最多，其次是林地，农田斑块面积所占比重最大，其次是林地；株洲市的灌丛斑块个数最多，其次是农田，林地斑块面积所占比重最大，其次是农田；湘潭市的林地斑块个数最多，其次是灌丛，农田斑块面积所占比重最大，其次是灌丛。

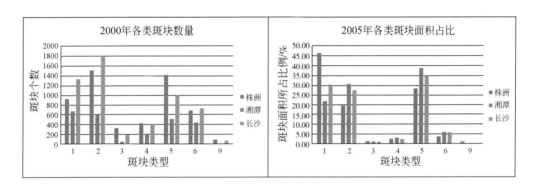

图 3-19　2005 年长沙、株洲、湘潭三市各类斑块数量、面积比重和密度

图 3-20 显示，2010 年，长沙、株洲、湘潭三市各类斑块数量、面积比重的情况与 2000 年和 2005 年类似。

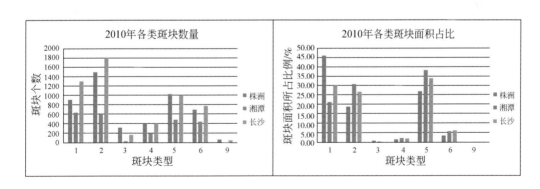

图 3-20　2010 年长沙、株洲、湘潭三市各类斑块数量、面积比重和密度

根据根据《全国生态环境十年变化（2000～2010 年）遥感调查与评估项目》植被破碎化遥感解译数据关于长株潭城市群的数据，采用植被斑块密度衡量植被破碎化程度。2000 年、2005 年、2010 年长株潭植被斑块密度见表 3-20。

表 3-20　长株潭植被斑块密度

城市	2000 年	2005 年	2010 年
长沙	4.84	4.72	4.69
株洲	3.97	3.89	3.86
湘潭	4.45	4.34	4.30
长株潭城市群	4.42	4.32	4.29

表 3-20 和图 3-21 表明，三个年度长株潭植被斑块密度呈现下降趋势，其中，湘潭斑块密度下降最快，说明整体上长株潭植被破碎化程度变小，斑块趋于变大，连通性变好。三市中，长沙市的斑块密度最大，株洲市的斑块密度最小，说明长沙市植被破碎化程度最高，株洲市的最小。

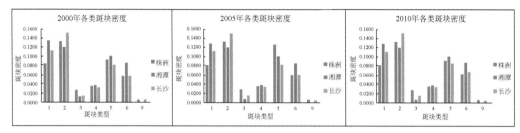

图 3-21　2000 年、2005 年和 2020 年长株潭城市群三市各类斑块密度

3.2.2　植被覆盖

根据《全国生态环境十年变化（2000~2010 年）遥感调查与评估项目》植被覆盖遥感解译数据（长株潭城市群）的处理结果获得长株潭城市群 2000 年、2005 年和 2010 年的植被覆盖度分布图，如图 3-22~图 3-24 所示。

由图 3-22~图 3-24 可以看出，2000 年、2005 年和 2010 年三个年度长株潭植被覆盖分布变化很大，2000 年长株潭北部植被覆盖度较高，南部山区覆盖度较低；2005 年北部覆盖度降低，南部覆盖度增加；到 2010 年，北部山区植被覆盖度继续下降，覆盖度高的地区面积减少，而南部山区覆盖度整体增加。这种变化趋势可能的原因是北部靠近长沙市的周边区域，土地开发利用程度高，城市化率较快，土地覆盖，尤其是植被覆盖的变化大；而南部山区城市化进程较慢，随着近几年退耕还草、绿化工程的实施，土地覆盖度增加。

表 3-21 显示，长株潭城市群的植被覆盖率整体较高，超过 60%，三个城市中，株洲的植被覆盖率最高，在 70% 上下，湘潭市的最低，只有 53% 左右。从植被覆盖度的变动看，长株潭整体的植被覆盖率呈下降趋势，其中，2000~2005 年下降得最快，2005~2010 年下降趋势放缓。三市的植被覆盖率变动比较，长沙市在 2000~2010 年植被覆盖率下降最快。

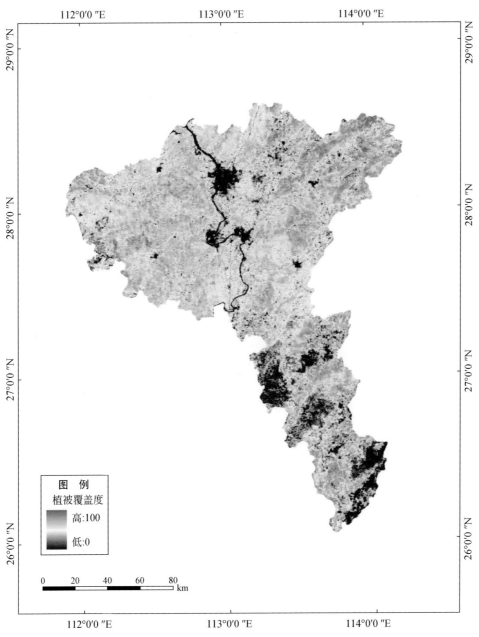

图 3-22　2000 年长株潭城市群植被覆盖度

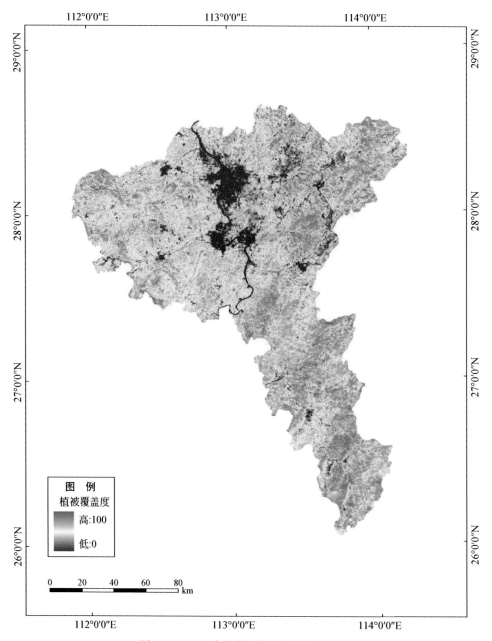

图 3-23　2005 年长株潭城市群植被覆盖度

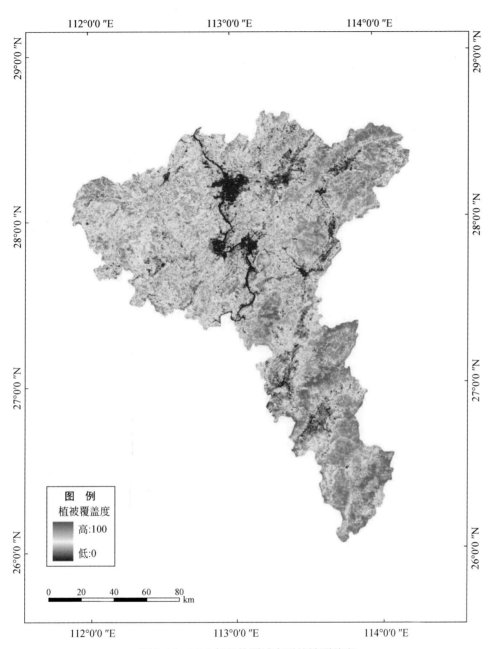

图 3-24 2010 年长株潭城市群植被覆盖度

表 3-21 长株潭植被覆盖率　　　　　　　　　　　　　　（单位：%）

城市	2000	2005	2010	2000~2005 年变动	2005~2010 年变动	2000~2010 年变动
长沙	59.19	58.31	58.26	−0.78	−0.05	−0.83
株洲	70.38	69.88	69.85	−0.50	−0.03	−0.53
湘潭	53.72	53.22	53.17	−0.50	−0.05	−0.55
长株潭城市群	62.68	62.02	61.98	−0.66	−0.04	−0.70

将长株潭城市群与长三角、京津冀、珠三角、成渝、武汉等几个城市群的植被面积比例对比，可知与其他城市群相比，在 1980～2010 年的 30 年间，长株潭城市群植被面积比例都是最高的，在 60% 以上，但呈现下降趋势。根据《全国生态环境十年变化（2000～2010 年）遥感调查与评估项目》生物量遥感解译数据（长株潭城市群）处理结果获得长株潭群 2000 年、2005 年和 2010 年的生物量数据，如图 3-25～图 3-27 所示。

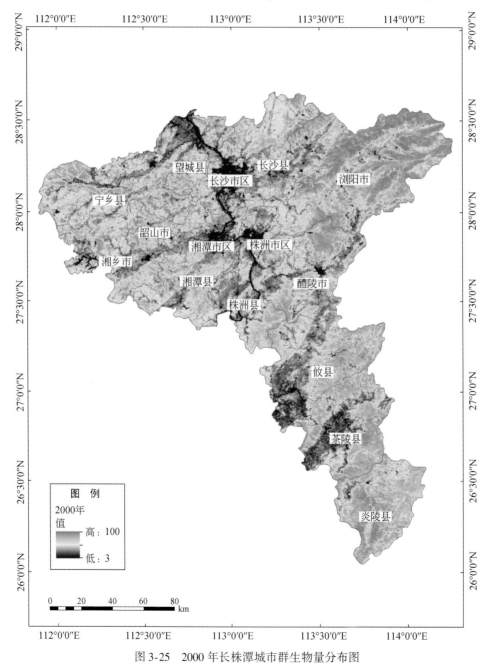

图 3-25　2000 年长株潭城市群生物量分布图

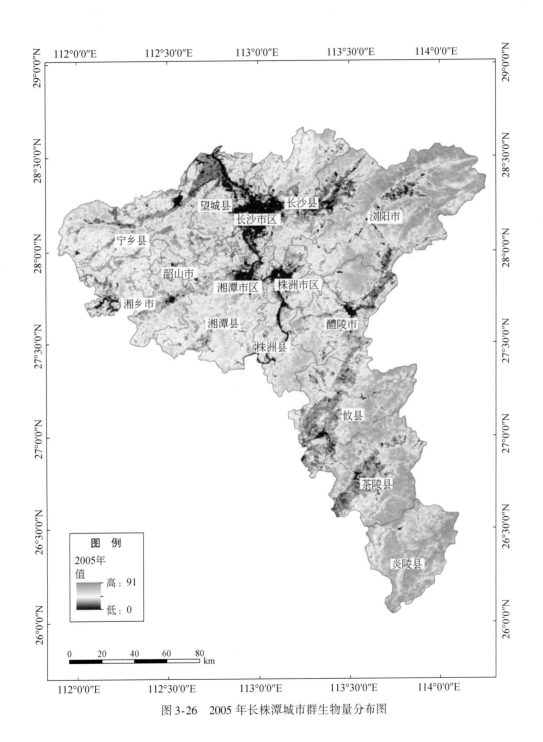

图 3-26 2005 年长株潭城市群生物量分布图

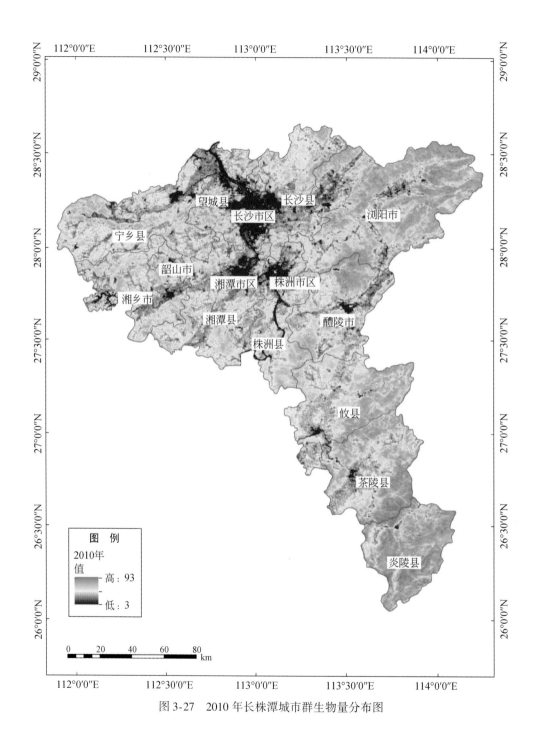

图 3-27　2010 年长株潭城市群生物量分布图

由图 3-25 ~ 图 3-27 可以看出，2000 年、2005 年和 2010 年三个年度生物量的空间分布状况变化不大，生物量较大的区域主要分布在东北部和南部山区，普遍在 0.60 g/cm² 以上，而城区生物量极低，长沙市、株洲市和湘潭市建成区的生物量基本在 0.20 g/cm² 以下。2000 ~ 2010 年间，生物量的空间分布分化现象更加明显，一方面，随着城市建设的扩张，生物量低的区域在北部开发强度大的地方有扩大趋势；另一方面，随着绿化工作的开展，东北部和南部山区生物量呈现增加趋势。

由表 3-22 可看出，2000 ~ 2010 年间，长株潭整体的生物量呈现上升趋势，2010 年比 2000 年增加了近 20%，尤其是 2000 ~ 2005 年间增长幅度很大。从三市的情况看，2000 ~ 2010 年十年间，三市的单位面积生物量均呈现增大趋势，株洲市单位面积生物量最大，且增加幅度最大，2010 年比 2000 年增加了 30% 以上。生物量的增加主要是两型社会的建设促进荒山绿化和植树造林工作的开展，增加了植被面积，也提高了生物量。

表 3-22　植被单位面积生物量　　　　　　　　（单位：g/cm²）

年份	长株潭城市群	长沙市	株洲市	湘潭市
2000	0.41	0.41	0.45	0.34
2005	0.49	0.46	0.57	0.37
2010	0.50	0.45	0.59	0.37

将长株潭与长三角、京津冀、珠三角、成渝、武汉等其他几个城市群单位面积生物量进行对比可知，长株潭城市群 2000 ~ 2010 年单位面积生物量呈现上升趋势，且与珠三角持平，远远高于其他城市群。这说明与其他城市群相比，长株潭的生物量处于较高水平。

3.3　环境质量变化

环境始终处于不停的运动和变化之中，作为环境状态表示的环境质量，也是处于不停的运动和变化之中。引起环境质量变化的原因主要有两个方面：一是由于人类的生活和生产行为引起环境质量的变化；二是由于自然的原因引起环境质量的变化。目前，第一种因素的影响程度已远远大于第二种。表征环境质量变化的指标很多，评价的内容也涉及多种环境要素。本节主要从地表水环境质量、空气质量、土壤环境质量、酸雨状况等几个方面，选择合适的指标调查、评估城市群环境质量的变化。

3.3.1　地表水环境质量

根据收集到的长株潭核心区地表水监测资料分析地表水环境特征和发展态势。长株潭核心区主要河流和饮用水源地共设置 26 个监测断面，各断面的基本情况见表 3-23。

表 3-23 长株潭核心区主要河流和饮用水源地监测断面设置情况

监测类型	河流名称	城市	断面名称	功能区类型	评价标准
饮用水源	湘江干流	株洲市	一水厂	饮用水源保护区	Ⅲ
			二水厂		
			三水厂		
			四水厂		
		湘潭市	一水厂		
			二水厂		
			三水厂		
		长沙市	猴子石（三、八水厂）		
			五一桥（一、二水厂）		
			橘子洲（四、五水厂）		
地表水	湘江干流	株洲市	朱亭	景观娱乐用水区	Ⅲ
			枫溪	二级饮用水源保护区	Ⅲ
			白石		Ⅲ
			霞湾	景观娱乐用水区	Ⅲ
		湘潭市	马家河	景观娱乐用水区	Ⅲ
			五星	二级饮用水源保护区	Ⅲ
			易家湾	景观娱乐用水区	Ⅲ
		长沙市	昭山	二级饮用水源保护区	Ⅲ
			猴子石	一级饮用水源保护区	Ⅱ
			三汊矶	工业用水区	Ⅳ
			乔口	渔业用水区	Ⅲ
	支流浏阳河	长沙市	榔梨	饮用水源保护区	Ⅲ
			黑石渡	工业用水区	Ⅳ
			三角洲	景观娱乐用水区	Ⅳ
	支流渌江	株洲市	入河口	景观娱乐用水区	Ⅲ
	支流涟水	湘潭市	涟水桥	景观娱乐用水区	Ⅲ

　　根据湖南省和长沙市、株洲市、湘潭市的环境质量报告书（2000～2007 年）可知，湘江、浏阳河主要污染物为氨氮和粪大肠菌群。采用综合污染指数法计算 2001～2007 年湘江和浏阳河主要监测断面的综合污染指数，结果见图 3-28 和图 3-29。

　　2001～2007 年的 7 年间，湘江各断面水质变化不明显，浏阳河各断面水质质量呈显著性改善趋势。株洲市一水厂、二水厂、长沙市猴子石、橘子洲、五一桥水质质量呈显著性上升趋势，其余各饮用水源监测断面水质无明显变化。2001 年，霞湾断面水质综合指数在 11 个断面中污染程度最大，随后水质整体呈现好转态势；其他断面在 2004 年综合水质指数突然上升，其原因有待深入研究。

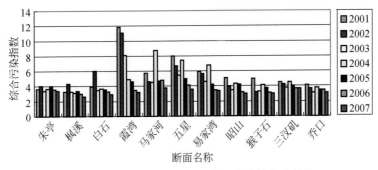

图 3-28　湘江各监测断面综合污染指数变化趋势

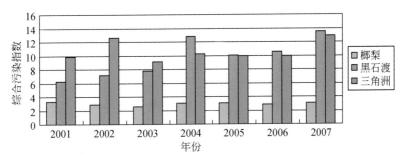

图 3-29　浏阳河各监测断面综合污染指数变化趋势

　　历年来，湘江、浏阳河主要超标污染物为粪大肠菌群和氨氮，重金属（汞、镉、砷等）污染物在 2006 年前的各断面都有不同程度的超标，通过几年来对排污企业的废水治理，到 2007 年，重金属在各断面除榔梨断面镉超标外，其余未出现超标现象。鉴于缺乏 2000~2010 年较多年份环境质量数据，这里只分析 2010 年长株潭三个城市河流Ⅲ类水体以上的比例。2010 年，湘江株洲段水质符合Ⅲ类标准，株洲的湘江朱亭、枫溪、白石、霞湾断面参与评价的项目中，年均值均达到Ⅲ类水质标准，水质良好。渌江株洲段、洣水株洲段各断面均达到Ⅲ类水质标准，水质良好。市区枫溪港、建宁港、白石港均未达到Ⅴ类水质标准，但水体中总磷、化学需氧量、生化需氧量和阴离子表面活性剂等主要污染因子浓度下降。经综合评分 WPI 指数趋势分析，水体污染状况趋于好转。总体上计算，河流达到Ⅲ类及其以上的水体所占的比例为 42.8%。2010 年，湘江湘潭段及涟水、涓水全年 80% 以上达到Ⅲ类标准。马家河、五星、易家湾、涟水桥断面的水质状况均有明显改善，易家湾断面水质达到Ⅲ类标准，城市功能区水域水质达标。

3.3.2　空气环境

　　空气质量主要是用 SO_2、NO_2 和可吸入颗粒物等反映大气环境状况的指标来评价。根据湖南省和长沙市、株洲市、湘潭市的环境质量报告书（2000~2007 年），可获得 2001~2007 年度长株潭城市群 SO_2、NO_2 和可吸入颗粒物浓度变化，如图 3-30 所示。

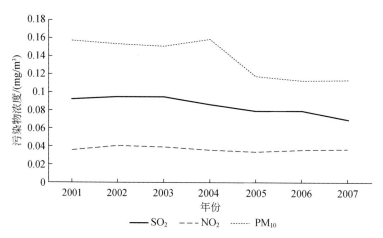

图 3-30　2001～2007 年长株潭主要大气污染物浓度变化趋势图

从图 3-30 可以看出，2001～2007 年，SO_2 的整体浓度呈下降趋势，符合空气质量二级标准，NO_2 变化幅度不大，呈平稳的波动状态，达到空气质量一级标准。PM10 下降幅度较大。由此可见，近几年，长株潭三市城市空气质量在不断改善，但整体质量状况仍不容乐观，影响城市空气质量的主要污染物为可吸入颗粒物和二氧化硫。由于可吸入颗粒物对人体健康的影响更大，其来源更为复杂、范围更广，城市空气中可吸入颗粒物的污染水平较高，说明长株潭核心区空气污染防治的艰巨性和复杂性。整体上大气环境状况较差，但朝改善方向发展，得益于大气污染控制增强、风险控制和环境管理的改善，后三个方面均对大气环境状况产生影响。根据 2000 年、2005 年、2010 年的长沙市、株洲市和湘潭市环境质量公报，可得到 2000 年、2005 年、2010 年三市空气质量优良率，见表 3-24。

表 3-24　长株潭空气质量优良率　　　　　　　　　　　　（单位：%）

年份	长株潭	长沙	株洲	湘潭
2000	89.6	85.7	90.5	91.3
2005	92.5	88.6	93.3	91.4
2010	93.4	92.8	94.5	92.9

由表 3-23 可以看出，2000～2010 年间，长株潭潭的空气质量优良率呈现上升趋势。2010 年，长沙全年空气质量优于二级的天数 328 天，优良率为 92.8%；株洲市区空气质量良好天数 345 天，优良率 94.52%；湘潭全年空气质量良好天数为 339 天，优良率达到 92.88%。

3.3.3　土壤环境

由于缺乏长株潭 2000～2010 年十年间土壤调查数据，为了更全面地分析长株潭地区土壤环境质量状况，本书借鉴环境保护部华南环境科学研究所承担的国家"十一五"科技支撑项目《国家环境管理决策支撑关键技术研究》的课题八《中国不同经济区域环境污染特征的比较分析与研究》有关研究成果进行分析。该课题为了研究的需要，于2008年9月在长沙、株洲、湘潭三市分别采集几十个土壤样品进行土壤重金属和二噁英的监测分析，其中土壤重金属分析样品60个。采样点分布和位置见图3-31和表3-25。

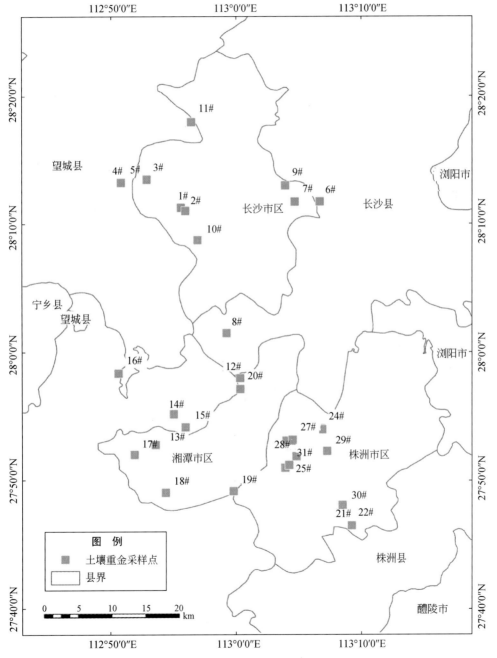

图 3-31　长株潭土壤重金属分析样品采样点分布图

表 3-25 长株潭地区样品采样点具体位置

采样区	编号	名称	样品类型	位置	
				东经	北纬
长沙市	1#	岳麓山山顶	土壤	112°55.581′	28°11.261′
	2#	岳麓山爱晚亭（山脚）	土壤	112°55.934′	28°11.010′
	3#	长沙高新开发区	土壤	112°52.833′	28°13.454′
	4#	长沙高新开发区附近菜地	土壤	112°50.788′	28°13.216′
	5#	长沙高新开发区附近水稻	土壤	112°50.784′	28°13.205′
	6#	隆平科技园附近水稻	土壤	113°06.637′	28°11.727′
	7#	隆平科技园附近菜地	土壤	113°04.637′	28°11.711′
	8#	暮云镇工业园菜地	土壤	112°59.240′	28°01.457′
	9#	星沙工业园	土壤	113°03.896′	28°12.980′
	10#	猴子石大桥底泥	沉积物	112°56.905′	28°08.721′
	11#	月亮岛大桥底泥	沉积物	112°56.402′	28°17.931′
湘潭市	12#	昭山背景点	土壤	113°00.300′	27°57.953′
	13#	和平公园	土壤	112°53.898′	27°52.383′
	14#	九华经济区	土壤	112°55.008′	27°55.136′
	15#	九华经济区附近稻田	土壤	112°55.941′	27°54.121′
	16#	锰矿厂 0~20cm	土壤	112°50.579′	27°58.327′
	17#	三弘重科	土壤	112°51.847′	27°51.965′
	18#	湘潭钢铁集团	土壤	112°54.350′	27°49.017′
	19#	双马工业园上游底泥	沉积物	112°59.772′	27°49.122′
	20#	湘江底泥（昭山附近）	沉积物	113°00.313′	27°57.086′
株洲市	21#	董家段高科园菜地	土壤	113°09.190′	27°46.441′
	22#	董家段高科园（山地）	土壤	113°09.175′	27°46.433′
	23#	南车集团附近水稻	土壤	113°06.762′	27°54.022′
	24#	南车集团菜地	土壤	113°06.829′	27°53.937′
	25#	荷塘公园水稻	土壤	113°03.855′	27°50.942′
	26#	清水塘附近稻田	土壤	113°03.957′	27°53.060′
	27#	清水塘附近菜地	土壤	113°04.448′	27°53.120′
	28#	金源化工公司附近菜地	土壤	113°04.741′	27°51.830′
	29#	株洲洗煤集团	土壤	113°07.208′	27°52.247′
	30#	湘江上游底泥	沉积物	113°08.433′	27°48.024′
	31#	湘江下游底泥	沉积物	113°04.170′	27°51.154′

重金属污染分析评价按照《土壤环境质量标准》中国家二级标准进行。

（1）单因子污染指数法

土壤质量评价采用单因子评价法：

$$P_i = \frac{C_i}{S_i} \tag{3-3}$$

式中，P_i 为土壤中污染物 i 的单向污染指数（$P_i < 1$ 表示土壤未受污染物的污染，$P_i > 1$ 表示土壤受污染，P_i 越大受污染程度越严重）；C_i 为土壤中污染物 i 的实测数据；S_i 为污染物 i 的评价标准。

由公式可看出哪种元素超标、超标的程度如何。

（2）综合污染指数法

采用内梅罗污染指数计算公式：

$$P_{综} = \sqrt{\frac{(P_{i\max})^2 + (\overline{P_i})^2}{2}} \tag{3-4}$$

式中，$P_{综}$ 为土壤综合污染指数；$P_{i\max}$ 为污染物 i 的最大污染指数

$$\overline{P_i} = \frac{1}{n}\sum_{i=1}^{n} P_i \tag{3-5}$$

式中，$\overline{P_i}$ 为土壤各污染指数平均值。

首先根据长株潭地区土壤各元素的实测值分别求出各因子的分指数，然后根据分指数计算土壤的各因子污染指数的平均值和最大污染指数。最后计算出多因子污染指数。由公式计算的 P_i、$P_{综}$ 进行污染等级划分，根据土壤分级标准分为五级（表3-26）。

表3-26　土壤污染分级标准

等级划分	单因子污染指数	综合污染指数	污染等级	污染水平
I	$P_i \leqslant 0.7$	$P_{综} \leqslant 0.7$	安全	清洁
II	$0.7 < P_i \leqslant 1$	$0.7 < P_{综} \leqslant 1$	警戒	尚清洁
III	$1 < P_i \leqslant 2$	$1 < P_{综} \leqslant 2$	轻度污染	土壤污染物超过背景值，视为轻度污染
IV	$2 < P_i \leqslant 3$	$2 < P_{综} \leqslant 3$	中度污染	土壤、作物均受到中度污染
V	$P_i > 3$	$P_{综} > 3$	重度污染	土壤、作物受污染已相当严重

通过土壤污染分级标准对长株潭地区的土壤进行单因子指数和综合因子指数评价。评价结果如表3-27和表3-28所示。

表3-27　单因子评价结果

污染等级	铜	锌	铬	镉	铅	镍	汞	砷
安全级 I	28	38	59	17	52	41	53	60
警界级 II	16	7	1	7	4	13	3	0
轻度污染 III	16	2	0	12	3	6	2	0
中度污染 IV	0	7	0	6	1	0	2	0
重度污染 V	0	6	0	18	0	0	0	0

表 3-28 综合因子评价结果

元素	综合污染指数	污染等级
铜	1.327	轻度污染
锌	5.211	重度污染
铬	0.564	安全
镉	93.639	重度污染
铅	1.551	轻度污染
镍	1.183	轻度污染
汞	1.867	轻度污染
砷	0.369	安全

由表 3-27 的单因子评价结果和表 3-28 的综合因子评价结果可知，在本次试验中总共采样 60 个，各元素的污染程度不同，其中铜超标点数为 16 个，都为轻度污染；锌为 9 个，轻度污染 2 个、中度污染 7 个；铬为 0 个；镉是污染最严重的，超标点数为 36 个，轻度污染 12 个，中度污染 6 个，重度污染 18 个；铅是 4 个，轻度污染为 3 个、中度污染 1 个；镍的超标点数为 6 个，都是中度污染；汞为 4 个，2 个轻度污染，2 个中度污染；而砷都在安全级内，没有超标的点。在这 60 个点中，污染最严重的点分别是锰矿厂附近菜地、锰矿采矿厂、湘江下游底泥，还有韶山附近的湘江底泥。底泥污染严重是因为排污口设在江的两边，河流污染物沉积。而锰矿厂级附近的菜地是因为长期的采矿活动，矿石长期的风化淋溶，使周围土壤重金属积累严重，造成重金属含量严重超标。

3.3.4 酸雨强度与频度

根据湖南省 2010 年环境状况公报可知，全省 14 市均受到不同程度的酸雨污染，酸雨污染依然严重，降水酸度略有加重，但酸雨频次减少，降水 pH 年均值为 4.2～6.1，全省城市酸雨频次为 55% 左右。其中，2010 年，株洲市区降水 pH 为 3.99～6.13，降水 pH 年均值为 4.6，与上年度持平。

如表 3-29 显示，2000～2010 年长株潭整体年均降雨 pH 有上升趋势，但酸雨年发生频率增长，这说明随着大气污染治理力度的加大，酸雨的酸度相对降低，但酸雨发生却更普遍。从三市的情况看，年均降雨 pH 也普遍上升，长沙市的酸雨年发生频率先升后降，株洲市的呈现较快的上升趋势，湘潭市在三个年度呈现波动状态，在三市中酸雨年发生频率相对较低。

表 3-29 长株潭城市群 2000 年、2005 年、2010 年酸雨强度与频度

指标	2000 年				2005 年				2010 年			
	长株潭	长沙	株洲	湘潭	长株潭	长沙	株洲	湘潭	长株潭	长沙	株洲	湘潭
年均降雨 pH	4.48	4.32	4.55	4.56	4.56	4.38	4.66	4.64	4.53	4.33	4.6	4.65
酸雨年发生频率/%	75.13	80.6	73.1	71.7	77.87	95.6	81.7	56.3	81.7	80.2	95.1	69.8

3.3.5 环境质量年度变动评价

由于缺乏地表水环境质量数据，仅以空气质量（空气质量优于二级的天数比例）和酸雨强度、频度为例进行分析。2000~2010 年长株潭城市群环境质量年度变动情况见表 3-30。

表 3-30 环境质量年度变动评估指标

年份	空气质量优于二级天数的比例/%	酸雨	
		强度	频度
2000	89.6	4.48	75.13
2005	92.5	4.56	77.87
2010	93.4	4.53	81.70
2000~2005 变动	1.9	0.08	2.74
2005~2010 变动	0.9	−0.03	3.83
2000~2010 变动	2.8	0.05	6.57

由表 3-30 可以看出，长株潭的环境空气质量状况逐年改善，空气质量优于二级的天数比例逐年增加，2000 年不到 90%，到 2010 年已经增加到 93.4%。整体年均降雨 pH 有上升趋势，但发生频次增加，说明酸雨酸度相对降低，但发生概率增加。

|第4章| 长株潭城市群资源环境效率及生态环境胁迫变化

资源环境效率是衡量城市资源利用水平和环境排放的重要指标，也是评价城市生态环境状况的重要方面。在中国社会经济发展转型的关键时期，提高资源环境效率已成为中国改变经济增长方式的重要手段。近年来，中国节能减排政策和措施的实施，有效地提高了中国资源环境效率。从2007~2014年，连续8年开展的《中国300个省市绿色经济与绿色GDP指数》和《中国300个省市城市管理与人居环境指数》的研究结果显示：中国经济复苏快速增长的同时，全国273个城市资源环境消耗总体水平有所降低，资源环境效率显著提高，到2014年平均达到1.60元/m³，比上年（1.05元/m³）平均提高52.3%。同期，31个省（自治区、直辖市）资源环境效率从上年的0.91元/m³上升到1.01元/m³，比上年提高10.8%，略低于内地273个城市的水平。但与发达国家相比，中国的资源环境效率还处于较低水平。目前中国的总体能源利用效率为33%左右，比发达国家低约10个百分点。电力、钢铁、有色金属、石化、建材、化工、轻工、纺织8个行业主要产品单位平均能耗比国际先进水平高。钢、水泥、纸和纸板的单位产品综合能耗比国际先进水平分别高21%、45%和120%。机动车油耗水平比欧洲高25%，比日本高20%。中国单位建筑面积采暖能耗相当于气候条件相近发达国家的2~3倍。中国矿产资源总回收率为30%，比世界先进水平低20%；单位GDP能耗比发达国家高40%，单位GDP水耗是发达国家的5~10倍，而单位GDP废水排放量是发达国家的4倍。社会经济的快速发展、土地利用方式的改变和利用强度的增加、资源能源消耗的增长以及污染物排放量的增大，都会对生态环境系统造成一定的压力和胁迫，产生一定的不良效应，如能源短缺、生态环境恶化、气候变化、热岛效应等。生态环境胁迫及其变化的调查评价也是反映生态环境状况的一个重要方面。

本章以长株潭城市群为例，通过调查评价水资源、能源利用效率和污染物排放、环境利用效率，分析城市群在2000~2010年十年间资源环境效率状况及其变化。并通过调查分析城市群人口密度、经济强度等社会经济胁迫因素、大气、水体等环境污染状况以及热岛效应等来分析评价生态环境胁迫状况及变化。

4.1 资源利用效率

改革开放使中国经济增长世界瞩目，但以大量消耗能源资源和环境污染为代价的粗放发展模式也带来产业结构不合理、区域发展不协调、自主创新能力不足、过度依赖国外市场等一系列问题。资源利用效率是考量资源利用水平的主要指标，也是衡量经济发展和环境保护常用的考核指标之一，本节将选取万元工业增加值新鲜用水量、工业用水重复率、单位 GDP 水耗等指标反映水资源利用效率，选取单位 GDP 能耗、单位规模工业增加值能耗和单位 GDP 电耗指标反映能源利用效率，进而分析评价 2001～2010 年十年间的资源利用效率及其变化情况。

4.1.1 水资源利用效率

水资源利用效率是反映水资源有效开发利用和管理的重要综合指标，通常是指水的耗用量与取用量的比率。为了更全面地反映水资源的利用效率，这里采用万元工业增加值新鲜用水量、工业用水重复率、单位 GDP 水耗等几个具体指标进行评估。

参考长沙市统计年鉴（2002～2011 年）、株洲市统计年鉴（2002～2011 年）和湘潭市统计年鉴（2002～2011 年）的相关资料，获得 2001～2010 年长株潭用水情况，如图 4-1 和图 4-2 所示。

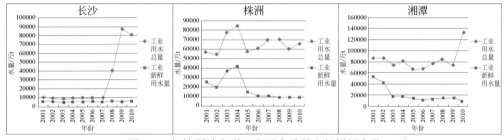

图 4-1　长株潭城市群工业用水总量和新鲜用水量

图 4-1 表明，长株潭三个市工业用水总量在 2001～2010 年变化趋势有一定的差异，其中株洲市和湘潭市呈现一定幅度的波动，长沙市在十年间增长较快。从工业新鲜用水量来看，长沙市呈现一定的波动，在 2009 年最低为 20 000 万 t 左右，而在 2001 年、2008 年和 2010 年较高点达到 60 000 万 t 以上；株洲市先增后降，2004 年达到最高点，接近 80 000 万 t，此后呈现快速的下降趋势；湘潭市新鲜用水量在十年间一直呈下降趋势。工业用水总量的变化与产业结构和工业产值及节水措施有很大关系。株洲市和湘潭市的工业以重工业为主，同样产值的情况下耗水量高于其他行业，所以虽然与长沙市工业产值相差较大，但耗水总量高于长沙市。根据 2000～2010 年的工业增加值和新鲜用水量核算的长沙市、株洲市、湘潭市万元工业增加值新鲜用水量结果如图 4-2 所示。

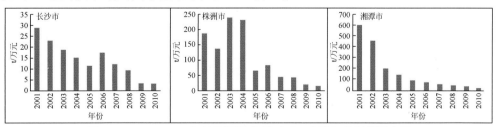

图 4-2　2001～2010 年长株潭城市群万元工业增加值新鲜耗水量

从图 4-2 可以看出，长株潭城市群万元工业增加值新鲜耗水量整体趋势有较大幅度的下降，长沙市（2006 年）和株洲市（2003 年、2004 年）有个别年份较高。三个城市相比，长沙市的万元工业增加值新鲜耗水量最低，2009 年和 2010 年已经降到 5t/万元，达到国内先进水平，2001~2005 年，湘潭市的万元工业增加值新鲜耗水量最高，超过 100t/万元，2005 年后呈现较快的下降趋势，到 2010 年已经低于 20t/万元。2001~2004 年，株洲市的万元工业增加值新鲜耗水量较高，在 150t/万元左右，此后急剧下降，到 2010 年已经低于 15t/万元。根据统计年鉴、环境统计上报资料和经贸部门统计的数据计算长株潭三市工业用水重复率，结果见表 4-1。

表 4-1　2001~2010 年长株潭工业用水重复率　（单位：%）

城市	2001 年	2002 年	2003 年	2004 年	2005 年	2006 年	2007 年	2008 年	2009 年	2010 年
长沙	42.11	39.79	36.73	40.29	40.86	41.04	42.04	85.22	94.44	92.43
株洲	55.52	61.97	51.86	48.74	74.02	82.77	85.13	86.78	84.36	85.56
湘潭	39.36	49.85	76.24	78.81	79.41	83.30	82.07	81.86	81.13	93.62

表 4-1 表明，2001~2010 年长株潭工业用水重复率呈上升趋势，长沙市在 2008 年后、株洲市和湘潭市在 2006 年后都达到 80% 以上，达到国内先进水平。长株潭的水资源和用水状况见表 4-2。

表 4-2　长株潭水资源和用水状况　（单位：亿 m³）

行政区	水资源总量			地下水资源量			用水量			农业用水		
	2000 年	2005 年	2010 年	2000 年	2005 年	2010 年	2000 年	2005 年	2010 年	2000 年	2005 年	2010 年
长沙市	—	108.8	108	—	23.65	21.54	—	34.77	38	—	19.37	17.76
株洲市	—	114.7	133	—	27.71	32.32	—	24.38	23.81	—	13.13	12.17
湘潭市	—	42.92	48.98	—	9.421	10.28	—	19.10	18.77	—	10.61	9.44

行政区	工业用水			居民生活			公共生态			生态环境		
	2000 年	2005 年	2010 年	2000 年	2005 年	2010 年	2000 年	2005 年	2010 年	2000 年	2005 年	2010 年
长沙市	—	10.04	13.22	—	3.38	4.2	—	1.98	2.82	—		0.95
株洲市	—	8.61	8.68	—	1.90	2.04	—	0.74	0.93	—		0.38
湘潭市	—	6.64	7.31	—	1.49	1.51	—	0.46	0.51	—		0.12

资料来源：①长沙市水资源公报（2000 年、2005 年、2010 年）；②株洲市水资源公报（2000 年、2005 年、2010 年）；③湘潭市水资源公报（2000 年、2005 年、2010 年）。

因缺乏 2000 年数据，表 4-2 主要列出的是长株潭三个城市 2005 年和 2010 年水资源和用水状况，可以看出，长株潭的水资源总量增加，尤其是株洲市和湘潭市，但地下水资源量减少，用水总量两个年度基本持平，农业用水量减少，工业和居民生活用水量增加。公共生态用水增加较快。

如图 4-3 所示，2001~2010 年，单位 GDP 水耗呈现急剧地下降趋势，2010 年与 2001 年相比，降低了几倍到十几倍。尤其是湘潭市的单位 GDP 下降更快，在 2001 年是长沙市的两三倍，到 2010 年已经降到接近长沙市水平。这说明，随着节水措施的实施、设备的更新、技术的进步，长株潭的水耗已大大下降，节水效果十分显著。

将长株潭城市群 2000 年、2005 年和 2010 年单位 GDP 水耗与京津冀、珠三角、成渝等城市群进行比较可知，长株潭城市群在 2000 年、2005 年和 2010 年单位 GDP 水耗处于中等水平。

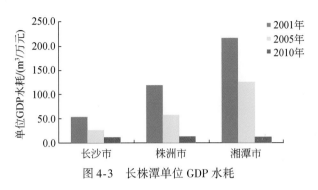

图 4-3　长株潭单位 GDP 水耗

4.1.2　能源利用效率

能源利用效率是指一个体系（国家、地区、企业或单项耗能设备等）有效利用的能量与实际消耗能量的比率。它是反映能源消耗水平和利用效果，即能源有效利用程度的综合指标。根据长株潭城市群的能耗、电耗、规模工业增加值，计算长株潭城市群单位 GDP 能耗、单位规模工业增加值能耗和单位 GDP 电耗指标，见表 4-3。

表 4-3　长株潭城市群能源利用效率指标

时间段		单位 GDP 能耗 / （t 标准煤/万元）	单位规模工业增加值能耗 / （t 标准煤/万元）	单位 GDP 电耗 / （千瓦时/万元）
2000 年	长沙	1.35	1.42	978.90
	株洲	1.97	3.19	1398.90
	湘潭	2.56	4.62	1507.38
	长株潭	1.73	—	—
2005 年	长沙	1.03	1.20	608.0
	株洲	1.62	2.93	1206.2
	湘潭	2.14	4.24	1405.9
	长株潭	1.33	—	—
2010 年	长沙	0.85	0.60	481.3
	株洲	1.32	1.23	974.8
	湘潭	1.72	2.32	1290.1
	长株潭	-1.05	—	—

续表

时间段		单位 GDP 能耗 /（t 标准煤/万元）	单位规模工业增加值能耗 /（t 标准煤/万元）	单位 GDP 电耗 /（千瓦时/万元）
2000～2005 年	长沙	-0.32	-0.22	-370.9
	株洲	-0.35	-0.26	-192.7
	湘潭	-0.42	-0.38	-101.48
	长株潭	-0.40	—	—
2005～2010 年	长沙	-0.18	-0.60	-126.7
	株洲	-0.31	-1.70	-231.4
	湘潭	-0.42	-1.92	-115.8
	长株潭	0.28	—	—
2000～2010 年	长沙	-0.50	-0.82	-497.6
	株洲	-0.66	-0.96	-424.1
	湘潭	-0.84	-0.30	-217.28
	长株潭	-0.68	—	—

注：资料来源于①长沙市统计年鉴（2000 年、2005 年、2010 年）；②株洲市统计年鉴（2000 年、2005 年、2010 年）；③湘潭市统计年鉴（2000 年、2005 年、2010 年）。

由表 4-3 可以看出，长株潭三个城市在 2000～2010 年的十年间，能源利用效率不断提高，即单位 GDP、单位工业产值耗能不断降低。2005～2010 年降低幅度比 2000～2005 年大，说明"十一五"期间，随着节能减排力度的增大，长株潭的能耗水平在逐年降低。

4.2　环境效率

这里的环境效率不完全等同于但又借鉴了企业环境效率的概念（该概念认为，企业的环境效率为增加价值与增加的环境影响的比值），主要是指区域内单位产值排放的主要污染物的强度，从经济发展污染物排放的角度反映了经济发展对环境的影响。本节将首先调查分析主要水污染物、大气污染物和固体废物排放情况，弄清长株潭各行政区以上污染排放在 2000～2010 年间的变化，进而采用单位 GDP 化学需氧量排放量和单位 GDP 二氧化硫排放量来分析评价环境效率及其变化情况。

4.2.1　污染物排放情况

4.2.1.1　水污染物排放情况

（1）生活污水和主要污染物排放情况

长株潭各行政区 2001 年、2005 年和 2010 年三个年度的城镇生活污水排放量、COD 排放量和氨氮排放量见表 4-4 和图 4-4、图 4-5。

表 4-4　长株潭城镇生活污水排放量、COD 排放量和氨氮排放量

行政区	城镇生活污水排放量/万 t			城镇生活污水 COD 排放量/t			城镇生活污水氨氮排放量/t		
	2001 年	2005 年	2010 年	2001 年	2005 年	2010 年	2001 年	2005 年	2010 年
长沙市	11 627	22 618	34 137.94	55 853.4	54 387.7	42 873.63	4434.5	4637.4	6922.16
长沙市区	9022	15 231	20 702.14	41 727.7	29 829	15 772.13	3335.9	2666.1	3244.92
芙蓉区	1751	0	3766.87	4705.8	0	5425.39	325.9	0	24.77
天心区	1963	0	3640.00	10 643.4	0	6466.40	827.8	0	750.08
岳麓区	1533	0	4458.26	8311.1	0	5581.09	646.4	0	993.48
开福区	1848	0	3836.73	7621.1	0	2132.24	723.3	0	198.11
雨花区	1927	0	5000.28	10 446.3	0	11 282.27	812.5	0	1278.48
望城区	551	0	1715.21	2989.4	0	2990.61	232.5	0	482.76
长沙县	382	0	3027.31	2069.6	0	2588.66	161	0	737.55
宁乡县	830	0	3868.05	4500.5	0	11 779.97	350	0	1230.74
浏阳市	842	0	4825.23	4566.2	0	9742.26	355.1	0	1226.20
株洲市	5340	9061	14 294.13	31 826.4	48 710.6	51 922.06	2554.7	3763.8	3441.30
株洲市区	2591	4013	6824.04	17 976.8	20 318.2	22 118.53	1307.7	1555.5	1089.06
荷塘区	683	1374	1875.37	5124.6	7726.3	6281.13	398.6	600.9	380.50
芦淞区	737	1132	1755.65	4356.8	6369.6	5446.37	430	495.4	308.46
石峰区	821	1507	1972.46	6159.4	6222.3	6128.27	479.1	459.2	318.80
天元区	350	527	1220.56	2336	2963.1	4262.76	0	230.5	81.30
株洲县	394	1214	883.30	2956.5	6829.5	3545.85	230	531.2	279.56
攸县	1222	901	1852.74	3055.1	5065.5	7331.56	407.3	394	587.66
茶陵县	245	522	1263.63	2299.5	2936.8	5272.78	178.9	228.4	407.17
炎陵县	157	282	438.00	939.5	1586.7	1641.56	73.1	123.4	126.00
醴陵市	731	1602	3032.42	4599	9010.8	12 011.78	357.7	700.8	951.85
湘潭市	4521	8444	10 272.56	25 425.9	36 725.5	36 152.65	1977	2817.3	2593.10
湘潭市区	3154	5190	6102.80	17 739	22 450.9	21 879.76	1379.7	1743.5	1609.18
雨湖区	1752	2719	3171.12	9855	11 744.7	10 361.97	766.5	910.8	818.79
岳塘区	1402	2472	2931.68	7884	10 706.1	11 517.79	613.2	832.7	790.39
湘潭县	549	1711	2071.01	3087.9	7553	7257.13	240.2	587.5	545.95
湘乡市	701	1392	1814.05	3942	6071	6282.98	306	438.1	414.72
韶山市	117	150	284.70	657	650.7	732.78	51.1	48.2	23.25

　　资料来源：①长沙市环境统计报表（2001 年、2005 年、2010 年）；②株洲市环境统计报表（2001 年、2005 年、2010 年）；③湘潭市环境统计报表（2001 年、2005 年、2010 年）。

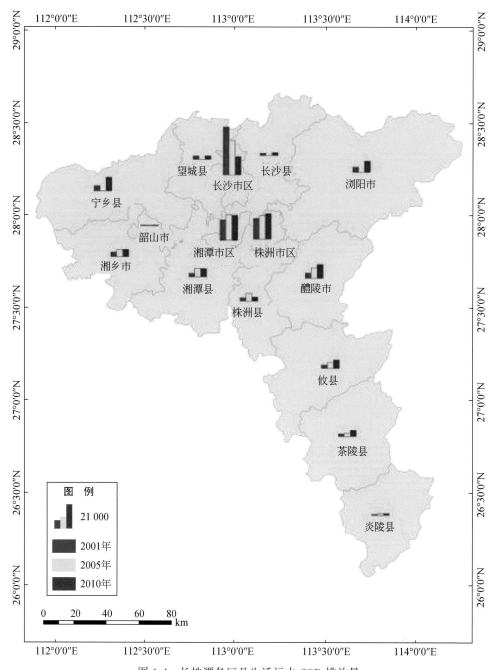

图 4-4　长株潭各区县生活污水 COD 排放量

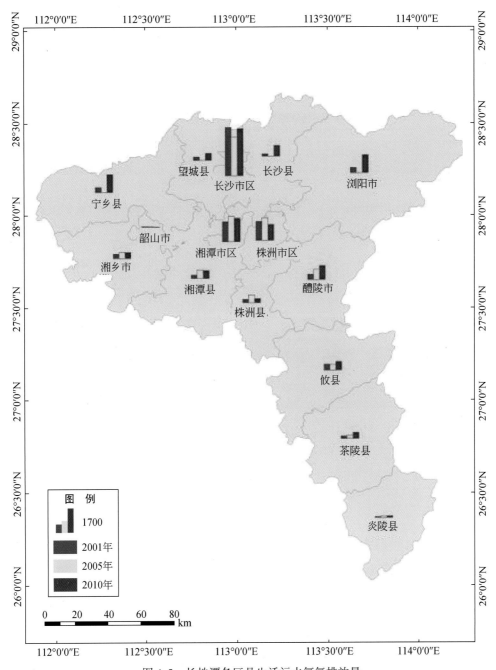

图 4-5 长株潭各区县生活污水氨氮排放量

由表4-4和图4-4、图4-5可以看出，2001年、2005年和2010年三个年度各行政区生活污水排放量、COD排放量和氨氮排放量均有所增加，尤其是2005年与2001年相比，一些区县增长一倍以上。2010年与2005年相比，无论是城镇生活污水排放量还是COD排放量和氨氮排放量，增长幅度都小于前五年，这说明污染减排和总量控制措施发挥了一定的作用。

（2）工业污水和主要污染物排放情况

长株潭各行政区2001年、2005年和2010年三个年度的工业污水排放量、COD排放量和氨氮排放量见表4-5和图4-6、图4-7。

表4-5 长株潭各行政区工业污水排放量

行政区	工业废水排放量/万 t		
	2001 年	2005 年	2010 年
长沙市	4992.2482	4065.4307	4343.098
长沙市区	2232.7984	760.6477	786.4774
芙蓉区	337.2861	317.8625	42.0706
天心区	112.3699	61.0418	99.6624
岳麓区	641.7129	104.0423	322.2567
开福区	596.8349	243.0931	42.8392
雨花区	544.5946	510.819	279.6485
望城区	401.9286	397.4199	600.6425
长沙县	294.0109	703.2688	586.0759
宁乡县	747.5959	669.9977	1739.097
浏阳市	1315.9144	1053.2776	630.8057
株洲市	8250.2315	9178.5905	7899.946
株洲市区	6399.7403	5964.1791	5457.891
荷塘区	706.8069	488.453	460.9024
芦淞区	565.4752	590.8469	681.553
石峰区	5113.3970	4884.8792	4029.766
天元区	14.0612	95.3391	285.6691
株洲县	123.67	46.3693	166.98
攸县	634.369	2093.751	1418.88
茶陵县	814.2805	406.171	447.88
炎陵县	31.654	9.866	73.196
醴陵市	252.1177	562.915	335.119
湘潭市	15 057.5062	11 008.487	7557.903
湘潭市区	8302.5087	7448.199	4722.106
雨湖区	975.0952	913.0025	386.9217
岳塘区	7327.4135	6535.1965	4335.184
湘潭县	2235.8439	999.8707	655.8317
湘乡市	2670.1126	2517.0372	2129.914
韶山市	49.041	43.38	50.0516

注：资料来源于①长沙市环境统计报表（2001年、2005年、2010年）；②株洲市环境统计报表（2001年、2005年、2010年）；③湘潭市环境统计报表（2001年、2005年、2010年）。

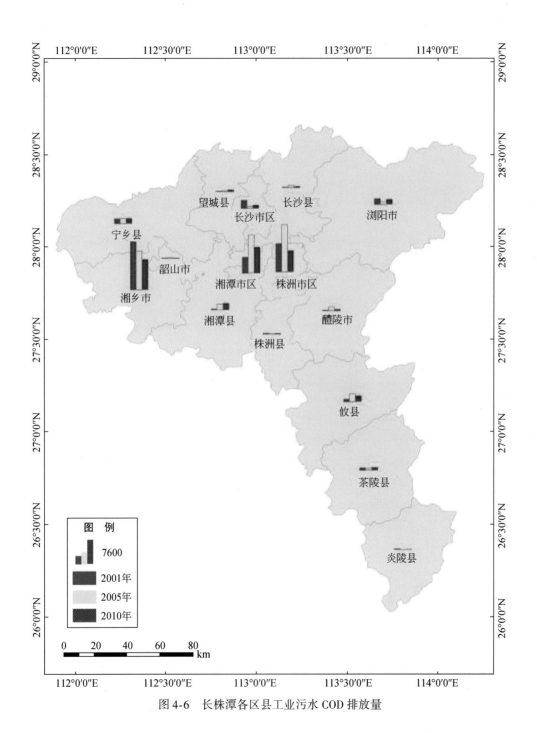

图 4-6　长株潭各区县工业污水 COD 排放量

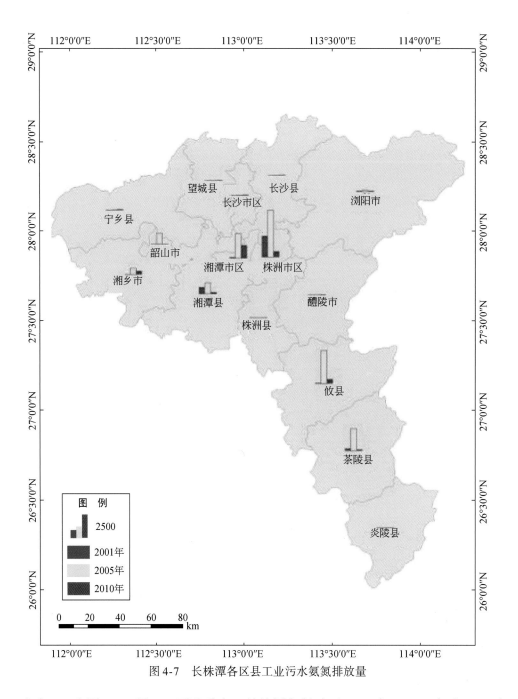

图4-7　长株潭各区县工业污水氨氮排放量

　　由表4-5和图4-6、图4-7可以看出，长株潭各行政区2000年、2005年和2010年三个年度的污水排放量在有些区县下降，有些区县呈上升趋势，有些是先升后降。总体来看，2010年与2005年相比，工业污水排放量减少，排放总量较多的依然是长株潭的三个市区和个别县级市。三个年度的工业COD排放量和氨氮排放量变化趋势与工业污水类似，但个别区县（县级市）变化值得注意，尤其是湘乡市的COD排放量三个年度均较高，筱县和茶陵县 2005 年的氨氮排放量较高,这可能与尚未建立污水治理设置有关,也可能与统计数据口径和准确性有关。

4.2.1.2 废气排放情况

根据长沙市、株洲市和湘潭市的环境统计报表,可得到长株潭城市群工业废气和主要污染物排放量,见图 4-8 ~ 图 4-11。

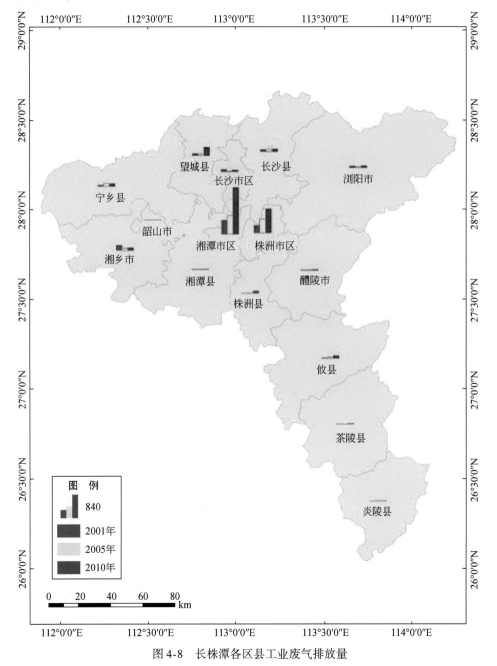

图 4-8 长株潭各区县工业废气排放量

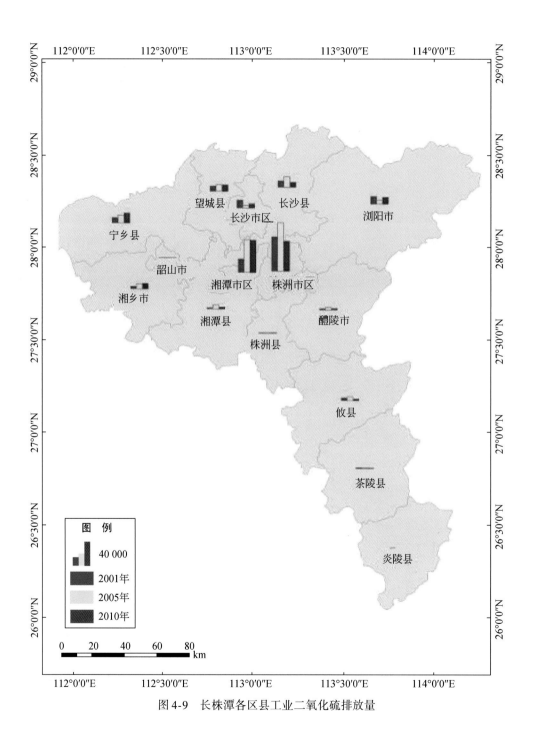

图4-9　长株潭各区县工业二氧化硫排放量

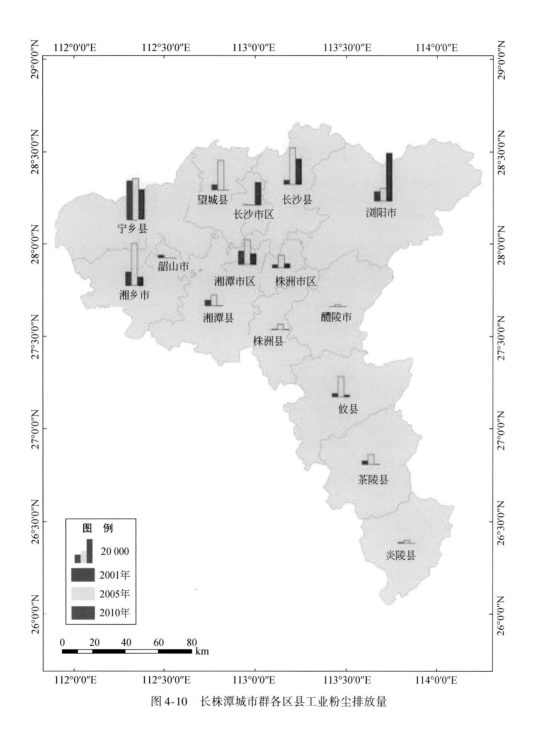

图 4-10　长株潭城市群各区县工业粉尘排放量

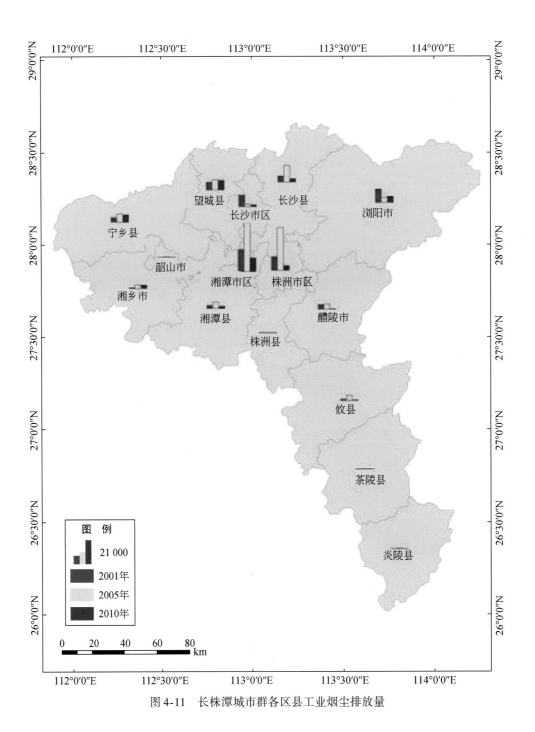

图4-11 长株潭城市群各区县工业烟尘排放量

由图 4-8 ~ 图 4-11 可以看出，长株潭 2000 年、2005 年、2010 年工业废气排放量呈现增加趋势，尤以湘潭市区和株洲市区最高，南部几个县很低。各区县三个年度对比，基本上 SO_2 排放量在 2005 年最高，2010 年有所降低，这与国家实施的总量控制和污染减排措施有关。工业粉尘排放量在北部几个区县较高，这与这几个区县煤炭消耗量较大有关。工业烟尘排放量变化与 SO_2 类似。

4.2.1.3 工业固体废物排放情况

长株潭城市群工业固体废物产生、利用、储存、处置状况见图 4-12 ~ 图 4-14。

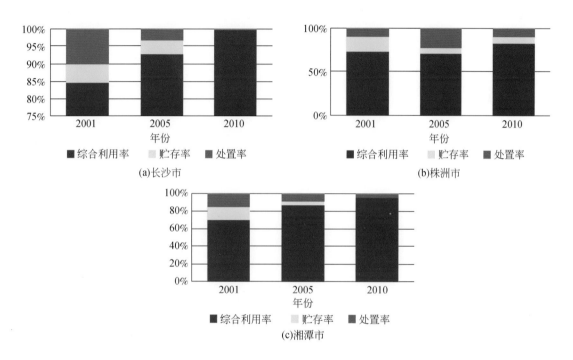

图 4-12　长株潭工业固体废物综合利用率、贮存率和处置率

资料来源：①长沙市环境统计报表（2001 年、2005 年、2010 年）；②株洲市环境统计报表（2001 年、2005 年、2010 年）；③湘潭市环境统计报表（2001 年、2005 年、2010 年）；④长沙市环境质量公报（2000 年、2005 年、2010 年）；⑤株洲市环境质量公报（2000 年、2005 年、2010 年）；⑥湘潭市环境质量公报（2000、2005、2010 年）。

由图 4-12 可以看出，三市中，工业固体废物综合利用率呈现逐年上升趋势，尤其以湘潭市的上升最快，由 2001 年的不到 70%，上升到 2010 年的 95% 以上。与此相对应，三市在 2001 ~ 2010 年的工业固体废物储存率呈现下降趋势。

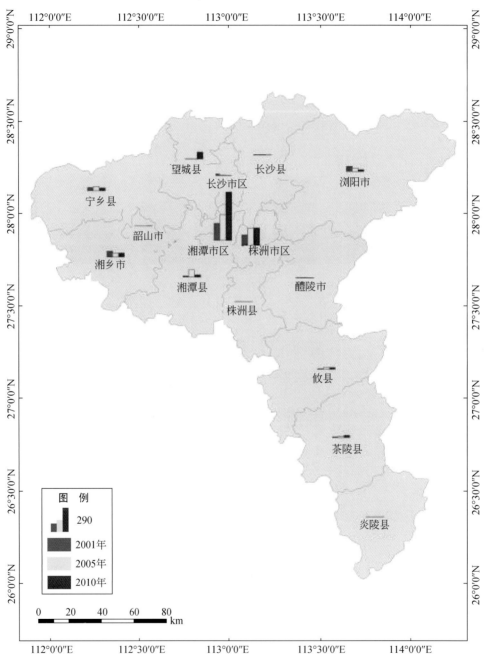

图 4-13 长株潭工业固体废物产生量

资料来源：①长沙市环境质量公报（2000 年、2005 年、2010 年）；②株洲市环境质量公报
（2000 年、2005 年、2010 年）；③湘潭市环境质量公报（2000 年、2005 年、2010 年）。

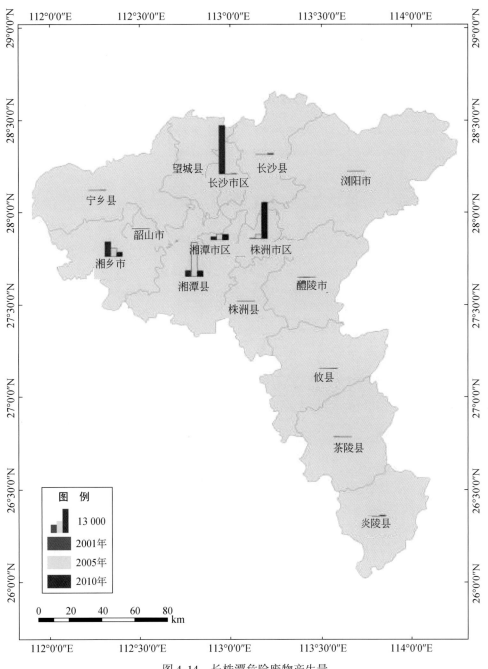

图 4-14 长株潭危险废物产生量

  如图 4-13 和图 4-14 所示，长株潭工业固体废物产生量以湘潭市区和株洲市区最多，两个地区呈现逐年上升趋势，而其他区县产生量较少，且呈现下降趋势。长株潭工业固体废物的综合利用率在逐年提高。

4.2.2 环境利用效率

环境利用效率采用单位 GDP 化学需氧量排放量和单位 GDP 二氧化硫排放量来表示。长株潭三个城市 2001 年、2005 年、2010 年的相关指标如图 4-15 和图 4-16 所示。

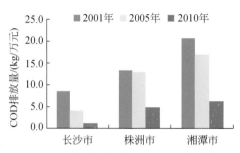

图 4-15 长株潭单位 GDP COD 排放量

资料来源：①长沙市环境质量公报（2000 年、2005 年、2010 年）；②株洲市环境质量公报（2000 年、2005 年、2010 年）；③湘潭市环境质量公报（2000 年、2005 年、2010 年）。

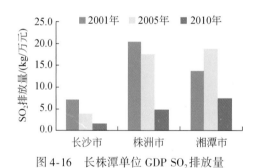

图 4-16 长株潭单位 GDP SO_2 排放量

从图 4-15 可知，单位 GDP 的 COD 排放量在 2000 ~ 2010 年呈现显著的下降趋势，尤其是 2005 ~ 2010 年下降更快。三市相比，长沙市单位 GDP 的 COD 排放量最低，湘潭最高，但湘潭在 2001 ~ 2010 年间下降幅度最大。从图 4-16 可以看出，单位 GDP 的 SO_2 排放量在 2000 ~ 2010 年整体趋势是下降的，湘潭市在 2005 年出现异常高值。三市相比，依然是长沙市单位 GDP 的 SO_2 排放量最低，株洲最高，但株洲在 2001 ~ 2010 年间下降幅度最大。

4.3 社会经济胁迫

社会经济的发展方式、速度、强度等都有可能会对生态环境造成一定的压力和胁迫。这里所说的社会经济胁迫，主要是指社会经济发展强度及其对生态环境的影响，采用人口密度和经济密度两个指标来表征。本节通过统计分析长株潭各城市 2000 年、2005 年和 2010 年人口密度和经济密度，对比分析三个年度不同城市间的社会经济胁迫大小和差异。

4.3.1 人口密度

根据长沙、株洲、湘潭的统计数据，可得到 2000 年、2005 年、2010 年长株潭各区县（县级市）人口密度变化情况，见图 4-17。

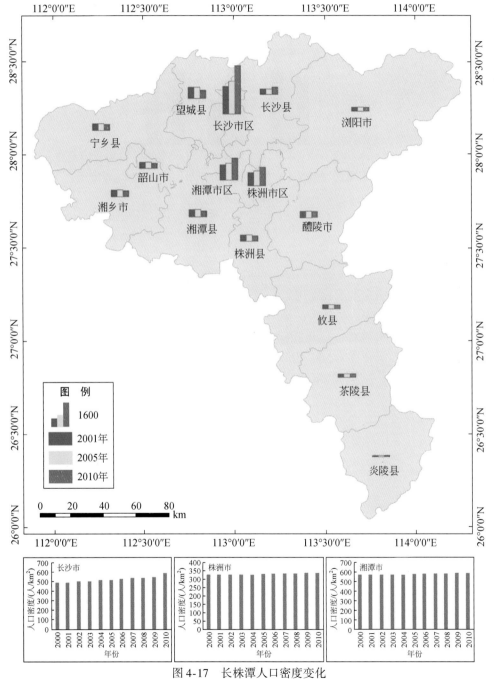

图 4-17 长株潭人口密度变化

从长沙市、株洲市、湘潭市人口密度看，2000～2010年十年间变化不大，略有增加（图4-18）。各个区县2000年、2005年和2010年三个年度相比，长沙、株洲和湘潭三个市区人口密度远远大于所属的其他区县，而且呈现较快的增长趋势，而各个区县人口密度较小，尤其是南部几个县。除长沙、株洲和湘潭三个市区以外的其他区县，除个别县的人口经济密度在2000年、2005年、2010年呈现增长趋势，大部分县呈现下降趋势，这与长株潭城市化进程加快、城市具有聚集人口的功能有关。

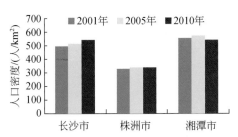

图4-18　长株潭城市群三市2001年、2005年、2010年的人口密度

4.3.2　经济活动强度

根据长沙、株洲、湘潭的统计数据，可得到2000年、2005年、2010年长株潭三市及各区县（县级市）经济密度变化情况，见图4-19和图4-20。由图4-19和图4-20可以看出：2000～2010年十年间，长沙市、株洲市和湘潭市行政区面积没有调整，因此经济密度与GDP呈现相同的上升趋势。三市相比，长沙市的经济密度各年度都是最高的，上升幅度也最大，2000年经济密度为500万元/km²，到2010年达到4000万元/km²以上，按不变价核算，十年间增长了7倍；株洲市的经济密度相对较低，增长幅度较快，十年间增长了近5倍；湘潭市的经济密度在三市中处于中间水平，增长较为和缓。从2000年、2005年、2010年三个年度各个区县的经济密度看，长沙、株洲和湘潭三市区经济密度远远大于所属的其他区县，而且增长幅度也远远超过其他区县。

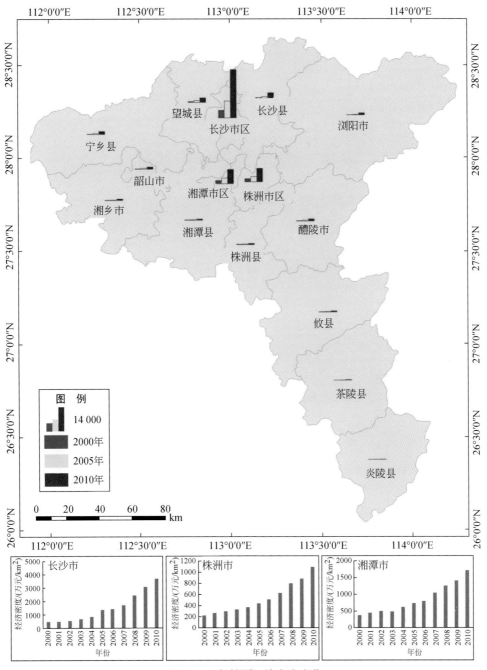

图 4-19　长株潭经济密度变化

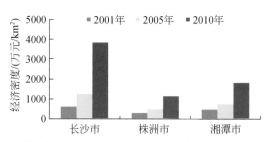

图 4-20　长株潭城市群三市 2001 年、2005 年、2010 年的经济密度

4.4　资源能源胁迫状况

所谓的资源能源胁迫主要是指水资源和能源开发利用程度，用水资源开发强度和能源利用强度两个指标来衡量，反映了社会经济发展对资源和能源的压力及胁迫状况。

4.4.1　水资源开发强度

用水量占可利用水资源总量的百分比算出长株潭水资源开发强度，根据长沙、株州、湘潭三市的水资源公报，结果见表 4-6。

表 4-6　长株潭水资源开发强度　　　　　　　　　　（单位：%）

行政区	2000 年	2005 年	2010 年
长沙市	—	31.96	35.19
株洲市	—	21.26	17.90
湘潭市	—	44.50	38.32

注：资料来源于①长沙市水资源公报（2005 年，2010 年）；②株洲市水资源公报（2005 年，2010 年）；③湘潭市水资源公报（2005 年，2010 年）。

由于缺乏 2000 年数据，这里只列出 2005 年和 2010 年长株潭三市水资源开发强度。可以看出，与 2005 年相比，2010 年长沙市的水资源开发强度大大增加，而株洲市和湘潭市有较快的降低，主要是因为长沙市可利用水资源量略有下降，而用水量大大增加，株洲和湘潭两个市用水总量保持平稳，而可利用水资源量有一定幅度的增加。

4.4.2　能源利用强度

通常用单位土地面积的能源消耗量（t 标准煤/km²）来衡量能源利用强度。表 4-7 表明，长株潭城市群和三市在 2000～2010 年间能源利用强度有较大幅度的增加，尤其是长沙市，2010 年能源利用强度是 2000 年的近 4 倍，湘潭市的能源利用强度增长相对缓慢。结合前面的分析可以看出，能源利用系数的增长速度与各市的社会经济发展速度，特别是

GDP 和工业增长值基本一致。

表 4-7　长株潭城市群能源利用强度　　　（单位：t 标准煤/km^2）

行政区	2000 年	2005 年	2010 年
长沙市	831.60	1328.71	3254.73
株洲市	564.43	753.95	1489.31
湘潭市	1216.35	1565.37	1489.31
长株潭城市群	793.18	1140.57	2512.80

资料来源：①长沙市统计年鉴（2000 年、2005 年、2010 年）；②株洲市统计年鉴（2000 年、2005 年、2010 年）；③湘潭市统计年鉴（2000 年、2005 年、2010 年）。

4.5　环境污染状况

环境污染状况既可以看成是对生态环境系统的胁迫，也可以看成是生态环境胁迫的一种反应。对于长株潭城市群，环境污染状况主要调查评估单位土地面积、单位建设用地主要大气污染物排放量和主要水污染物排放量。

4.5.1　大气污染

长株潭城市群单位土地面积主要大气污染物排放量见图 4-21。

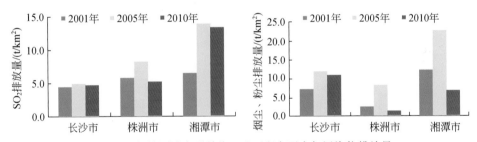

图 4-21　长株潭城市群单位土地面积主要大气污染物排放量
资料来源：①长沙市环境质量公报（2000 年、2005 年、2010 年）；②株洲市环境质量公报（2000 年、2005 年、2010 年）；③湘潭市环境质量公报（2000 年、2005 年、2010 年）。

从图 4-21 可以看出，长株潭城市群单位土地面积 SO$_2$ 排放量在 2001～2010 年间基本呈现先升后降的趋势，长沙市和株洲市 2010 年单位土地面积 SO$_2$ 排放量已逐渐降到 2001 年的水平，湘潭市 2010 年还远远高于 2001 年。单位土地面积烟尘、粉尘排放量在 2001～2010 年间也基本呈现先升后降的趋势，尤其是株洲市和湘潭市降低幅度很大，已经降到大大低于 2001 年的水平，长沙市单位土地面积烟尘粉尘排放量还维持在较高水平。今后应通过多种除尘措施和管理，减低粉尘、烟尘等污染物排放。

如图 4-22 所示，长株潭单位建设用地主要大气污染物排放量显示，SO$_2$ 排放量在

2001~2010年间基本呈现先升后降的趋势，长沙市和株洲市2010年单位土地面积SO_2排放量降到远远低于2001年的水平，但湘潭市2010年的水平还远远高于2001年。单位土地面积烟尘、粉尘排放量在2001~2010年间也基本呈现先升后降的趋势，尤其是株洲市和湘潭市降低幅度很大，已经降到大大低于2001年的水平。三市比较，长沙市的单位建设用地SO_2排放量要大大低于其他两市，但单位建设用地烟尘粉尘排放量却较高。

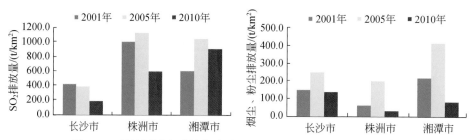

图 4-22 长株潭城市群单位建设用地面积主要大气污染物排放量

资料来源：①长沙市环境质量公报（2000年、2005年、2010年）；②株洲市环境质量公报（2000年、2005年、2010年）；③湘潭市环境质量公报（2000年、2005年、2010年）。

4.5.2 水污染

水污染评估采用单位土地面积主要水污染物排放量衡量，长株潭城市群单位土地面积主要水污染物排放量见图4-23。

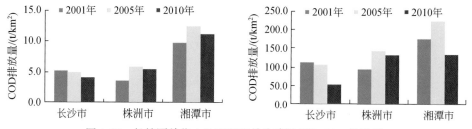

图 4-23 长株潭单位土地面积和单位建设用地 COD 排放量

资料来源：①长沙市环境质量公报（2000年、2005年、2010年）；②株洲市环境质量公报（2000年、2005年、2010年）；③湘潭市环境质量公报（2000年、2005年、2010年）。

长株潭单位土地面积 COD 排放量和单位建设用地 COD 排放量变化趋势基本类似，2001年、2005年、2010年都是先升后降。三市中，长沙市的最低，下降幅度也最大。湘潭市单位土地面积和单位建设用地 COD 排放量都较高，但2010年与2000年相比，下降趋势还是很明显的。与其他城市群相比，长株潭城市群单位 GDP SO_2 在三个年度中变化较小，基本都处于中等水平，单位 GDP COD 排放量远远高于其他几个城市群，这说明长株潭城市群需要在 COD 减排方面再下大工夫。

4.6 热岛效应

热岛效应是由于人们改变城市地表而引起小气候变化的综合现象，是城市气候最明显的特征之一。由于城市化的速度加快，城市建筑群密集，柏油路和水泥路面比郊区的土壤、植被具有更大的热容量和吸热率，使得城市地区储存了较多的热量，并向四周和大气中大量辐射，造成了同一时间城区气温普遍高于周围的郊区气温，高温的城区处于低温的郊区包围之中，如同汪洋大海中的岛屿，人们把这种现象称为城市热岛效应。城市热岛中心，气温一般比周围郊区高 1℃ 左右，最高可达 6℃ 以上。一般认为热岛成因有三：一是城市与郊区地表性质不同，热力性质差异较大，城区反射率小，吸收热量多，蒸发耗热少，热量传导较快，辐射散失热量较慢，郊区恰相反；二是城区排放的人为热量比郊区大；三是城区大气污染物浓度大，气溶胶微粒多，在一定程度上起了保温作用。

本节将基于遥感信息提取计算长株潭城市群各城市"主城区"和"郊区"热岛强度，进而对比分析长株潭城市群 2002 年、2005 年和 2010 年不同区域的热岛效应强度。

4.6.1 热岛效应的分析方法

城市群的热岛效应分析统一使用 MODIS 的 LST（Land Surface Temperature）产品 MODIS/Aqua Land Surface Temperature/Emissivity 8-Day L3 Global 1km SIN Grid V005 进行数据的提取和处理。长株潭城市群处于 N27V06 和 N28V06 两个区域，先进行数据镶嵌，根据已有矢量边界提取整个研究区域 modislst 数据，根据区域特点，选择 6~8 月的夏季数据，进行叠加运算，获得反映夏季该区域地表温度的合成图层。根据基于遥感信息提取的城市"主城区"和"郊区"范围，分别计算"主城区"和"郊区"地温的均值（Arcmap, zonal statistics as table），并以每个城市为单位计算"主城区"和"郊区"的地温差，即为热岛强度。

利用城市温度场来反映热岛强度，城市热岛反演方法如下。

参数一：地表温度（T_s）。利用 TM 或者 MODIS 数据提取地表温度。

参数二：城市热岛强度。城市热岛强度计算公式：

$$\text{TNOR}_i = \frac{(T_i - T_{\min})}{(T_{\max} - T_{\min})} \tag{4-1}$$

式中，TNOR_i 表示第 i 个像元正规化后的值，处于 0~1；T_i 为第 i 个像元的绝对地表温度；$T_{\min}$ 表示绝对地表温度的最小值；$T_{\max}$ 表示绝对地表温度的最大值。根据 TNOR 的数值可以划分城市热岛强度大小，也可以对不同时期遥感影像的热岛强度进行比较分析。

4.6.2 热岛效应强度分析结果

采用前面的分析方法，对长株潭城市群 2002 年、2005 年和 2010 年的热岛效应强度进行分析，结果见图 4-24 ~ 图 4-26。

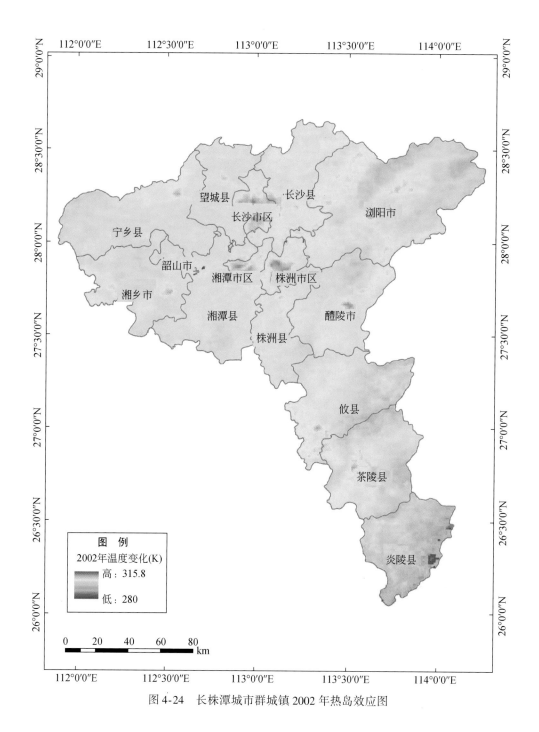

图 4-24 长株潭城市群城镇 2002 年热岛效应图

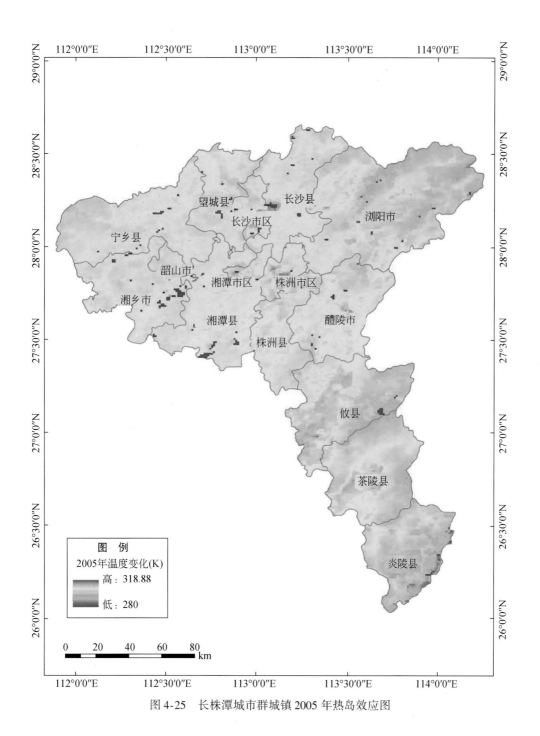

图 4-25 长株潭城市群城镇 2005 年热岛效应图

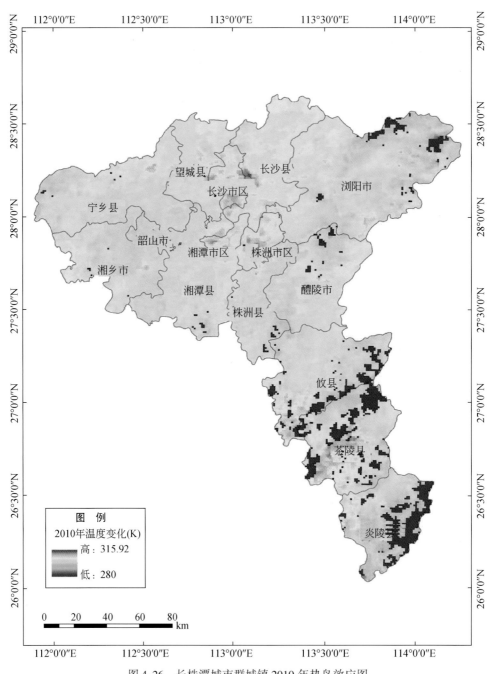

图 4-26 长株潭城市群城镇 2010 年热岛效应图

从图 4-24～图 4-26 可以看出，2002～2010 年，长株潭的热岛效应出现了几种较为明显的变化趋势：一是热岛效应出现较明显的区域有由长株潭城市建成区向所属区县（市）建成区蔓延的趋势；二是城市的市辖区的城市热岛强度在逐年降低，而所属县（市）的热岛效应有逐年增强趋势；三是在长株潭南部茶陵县出现了一个新的高温区。

由表 4-8 可知，夏季，长沙、株洲和湘潭三市的市区和郊区温度在 2002～2010 年间呈现波动趋势，均是 2005 年最高，在 2005 年后有较显著的下降。市区和郊区二者之间的平均温度差值在三市间表现不同，长沙市在 2005 年最大，株洲市和湘潭市在 2010 年最大，说明长沙市 2005 年的热岛强度最大，而株洲市和湘潭市在 2010 年热岛强度最大。

表 4-8　长株潭三个城市热岛效应强度　　　　　　（单位：K）

城市		2002 年	2005 年	2010 年
长沙市	长沙市区	307.76	308.81	306.35
	长沙郊区	304.57	304.76	302.9
	长沙差值	3.19	4.05	3.45
株洲市	株洲市区	306.71	310.01	305.85
	株洲郊区	303.41	306.68	302.42
	株洲差值	3.3	3.33	3.43
湘潭市	湘潭市区	307.39	309.75	305.71
	湘潭郊区	304.76	307.77	302.64
	湘潭差值	2.63	1.98	3.07

整个长株潭城市群热岛效应强度以长株潭城市建成区平均温度与城市群平均温度的差值占地区平均温度的百分比值评估。

由表 4-9 可知，长株潭建成区和长株潭全区的温差在 2010 年最大，差值与地区平均温度的百分比值超过 1%，说明整个长株潭城市群在 2010 年热岛效应的强度最大。

表 4-9　长株潭城市群整体热岛效应强度　　　　　（单位：K）

指标	2002 年	2005 年	2010 年
长株潭建成区	307.27	309.50	306.02
长株潭全区	304.24	307.03	302.85
差值	3.03	2.47	3.17
比例/%	0.996	0.804	1.047

第5章 长沙城区城市化过程及生态环境变化

2000～2010 年这十年是中国城市化进程快速推进的时期，建成区的面积和社会经济规模、结构等都发生了较大的变化。相应的，城市生态环境状况也不断发生着变迁。建成区是最能代表一个城市城市化特色的区域，对于建成区的城市化特征及其环境影响研究有助于把握城市发展规律，为制定相应的城市发展战略与措施提供科学依据（俞金国和王丽华，2008）。目前，国内的城市化及其生态环境效应研究成果颇多（曹喆和张淑娜，2002；白艳莹等，2003；刘耀彬等，2005），主要侧重于较大尺度范围内的城市化对生态环境的影响及对策，而对于城市建成区内的城市化要素特征及生态效应德研究还比较薄弱。国际上关于城市化及其生态环境效应研究视角非常广泛，不但有不同尺度下的城市化研究，也有关于城市内部要素的变迁及其影响研究（Newling，1969；Anderson，1982；Hathout，2002；Murakami et al.，2005）。在快速城市化和新型城市化的共同推动下，城市建成区的生态环境状况也正在和必将经历严峻的洗礼。首先需要弄清建成区城市化的特征及进程、生态环境质量的变化和景观格局的演变，核算其资源环境效率及其变化，进而确定建成区面临的生态环境胁迫，从而为建成区生态环境质量的维护和污染防治提供基础支撑。为此，本章选择长沙市区建成区为对象，通过调查评估重点城市城区生态环境十年变化，研究城市化进程对城区生态环境质量的影响和胁迫。这里的重点城市尺度范围主要是长沙市区，包括芙蓉区、天心区、岳麓区、开福区、雨花区共 5 个区域。

5.1 城市化特征与进程

中国的城市化进程在经历漫长的缓慢发展甚至停滞的阶段后，在改革开放后进入平稳快速的发展时期。从发展的推动力来看，明显表现出先被动、后主动的特征，即在改革开放之前，城市化基本上是被动地适应经济社会发展，由社会经济发展的需要来推动城市化进程。改革开放后，城市化发展的步伐开始加快，与工业化和社会经济发展的关系从被动的适应转为主动的引领和调整。从城市化人口的变迁看，劳动力职业的转化快于地域的集中。城市化的快速推进使得大量的农村富余劳动力向城市转移，他们从事的职业正在发生着重大的转变，但另一方面，这些进城务工的富余人口的身份依然是农民，由于中国城乡二元户籍制度和城市基础配套的约束等，使得他们中的大部分还无法成为真正意义上的城镇人口，主要常住地还是农村。从推动城市化的机制看，政策效应大于市场效应，中国的国情，加上计划经济在社会经济领域的影响，中国城市化进程的速度、规模、形式、质量等无不受政府政策的直接支配，没能充分发挥市场对城市化推进的调节作用。从城市化的空间进程看，各地区间城市化水平不均衡，差异较大。城市化进程与经济发展息息相关。中国东部地区和中西部地区由于经济发展速度、总量和人均量的差异，城市化水平和推进速度也存在较大的地区差别。当前，中国东部地区城市化水平一般已超过50%，有的甚至趋近60%，而西部地区城市化水平只有约30%，有的甚至还不到30%。这种城市化发展水平的不均衡型也导致人口流动的方向性显著，与此同时也带来较为严重的区域发展失衡问题和一系列深层次的社会经济问题（孙颖杰等，2009）。本节将从长沙市区土地、人口、经济等方面城市化水平在2000~2010年十年间变化情况来综合评估城市化特征和进程。

5.1.1　分析评价内容和方法

（1）分析评价内容和指标

以长沙市辖区城市不透水层提取结果为数据源，分析长沙市市辖区不透水地面与城市绿地、湿地等透水地面的分布和变化；分析长沙市市辖区经济发展状况及其变化，反映2000~2010年的经济城市化水平及其变化；分析城镇人口占人口比例、建成区人口密度等，反映2000~2010年的人口城市化及其变化。主要的分析评价指标如下：

1）土地城市化。采用不透水地表面积占建成区面积比例进行评价。

2）经济城市化。用第一产业、第二产业和第三产业比例评价。

3）人口城市化。采用建成区人口密度评价。

（2）分析评价方法

长沙市区土地覆盖分类和生态系统遥感信息提取将主要基于高分辨率的SPOT5卫星影像和ALOS卫星数据（见表2-7）。建成区包括城市生态系统中最基本的5种土地覆盖类型：人工建筑、道路、植被、裸地和水体。建成区生态系统首先分为透水地面和不透水地面两个一级类别。透水地面进一步分为植被、裸地和水体三个二级类；不透水地面分为人工建筑和道路两个二级类。建成区土地覆盖的分类和变化检测将采用基于回溯的土地覆盖变化检测和土地覆盖分类方法。该方法以2010年作为基准年，首先采用基于对象的图像分析方法生成高精度的2010年土地覆盖分类图，然后以2010年土地分类结果为基准图，通过回溯的方法分别获取2000年和2005年的土地覆盖分类结果，并分析2000年、2005年和2010年长沙市区各生态系统类型的面积、比例、分布及其在2000—2005—2010年的变化情况。不同年份间建成区生态系统类型的变化将采用生态系统类型转移矩阵分析方法。

5.1.2　土地城市化

土地城市化水平采用不透水地表面积占建成区面积比例进行评估。根据长沙市区的高分解译数据，可获得2000年、2005年和2010年的数据，见图5-1~图5-3和表5-1。

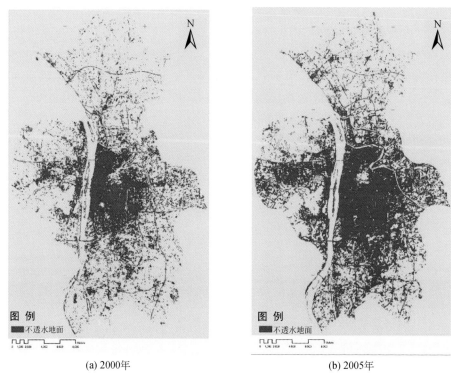

(a) 2000年   (b) 2005年

图 5-1　长沙市建成区 2000 年、2005 年不透水地面分布

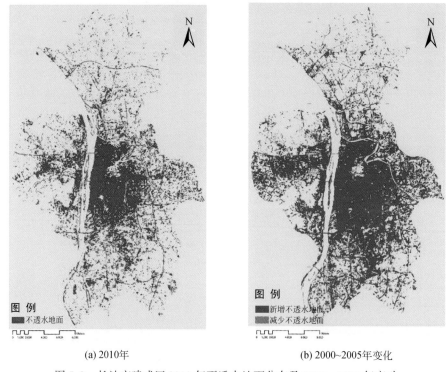

(a) 2010年   (b) 2000~2005年变化

图 5-2　长沙市建成区 2010 年不透水地面分布及 2000～2005 年变动

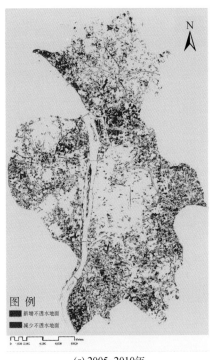
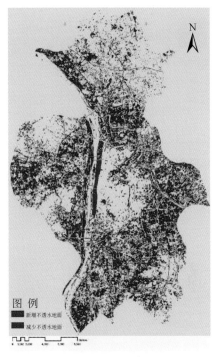

(a) 2005~2010年　　　　　　　　　　　　(b) 2000~2010年

图 5-3　长沙市建成区不透水地面 2005~2010 年及 2000~2010 年变动图

从图 5-1~图 5-3 可以明显看出，2000~2010 年的十年间，长沙市建成区不透水地面的分布和面积在逐年扩大，增加的不透水地面远远大于减少的不透水地面，且呈现连片的面状分布，而减少的不透水地面呈现分散的点状分布，在湘江两岸有比较集中的连片分布。

由表 5-1 可知，2000~2010 年间，长沙市区不透水地表覆盖率呈现快速的增长趋势，2005 年比 2000 年增加了 60%以上，2010 年比 2005 年增长了 27.63%，而 2010 年与 2000 年相比，增加了一倍以上，说明近十年来，长沙市区的土地城市化速度在加快，从各个区来看，2000~2010 年间城市化率增长幅度都是 50%以上，芙蓉区的土地城市化率和增长幅度都是最低的，天心区的城市化化率最高，2000~2005 年间城市化率变动最大的是岳麓区，2005~2010 年间增长幅度最快的是开福区。

表 5-1　长沙市区土地城市化率　　　　　　（单位:%）

时间	长沙市区	芙蓉区	天心区	岳麓区	开福区	雨花区
2000 年	24.23	19.99	36.94	24.50	25.60	20.64
2005 年	39.27	28.13	67.66	51.86	37.56	34.58
2010 年	50.12	31.31	83.67	67.19	60.09	39.78
2000~2005 年变动/%	62.07	40.72	83.16	111.67	46.72	67.54
2005~2010 年变动/%	27.63	11.30	23.66	29.56	59.98	15.04
2000~2010 年变动/%	106.85	56.63	126.50	174.24	134.73	92.73

资料来源：长沙市统计年鉴（2001 年，2006 年，2011 年）。

5.1.3 经济城市化

经济城市化采用第一产业、第二产业和第三产业比例来评估。长沙市区国内生产总值，以及第一、第二、第三产业值见表5-2。

表5-2 长沙市区经济指标　　　　　　　　　　　（单位：亿元）

行政区	生产总值			第一产业			第二产业			第三产业		
	2000年	2005年	2010年	2000年	2005年	2010年	2000年	2005年	2010年	2000年	2005年	2010年
长沙市	728.08	1524.73	4547.19	78.36	113.98	202.01	297.09	647.26	2411.77	352.62	763.49	1933.42
芙蓉区	17.51	231.49	585.06	1.13	1.65	1.59	6.49	35.53	101.39	9.90	194.30	482.07
天心区	12.50	135.82	400.62	0.73	1.09	1.30	3.65	45.40	163.57	8.12	89.33	235.75
岳麓区	15.55	130.08	421.09	1.67	2.50	15.87	6.62	42.68	226.06	7.26	84.90	179.17
开福区	16.62	145.47	393.39	2.07	3.37	3.97	6.54	38.81	99.13	8.01	103.30	290.30
雨花区	18.13	271.49	827.59	1.93	2.69	2.63	5.83	140.55	500.99	10.37	128.25	323.98
长沙市区	80.32	914.35	2627.75	7.53	11.30	25.35	29.13	302.96	1091.14	43.66	600.09	1511.26

资料来源：长沙市统计年鉴（2001年，2006年，2011年）。

表5-2显示，长沙市区和所属的各区2000~2010年国内生产总值和三次产业产值都呈现较快的增长势头。第一产业所占比例在逐年下降，第二产业所占比例逐年上升，第三产业呈现波动趋势。长沙市区2000年、2005年、2010年三次产业比例见图5-4。图5-4表明，2000年、2005年、2010年，长沙市区第一产业所占的比例逐年下降，第二产业比例先增后降，第三产业比例在2005年最高，到2010年有所下降。

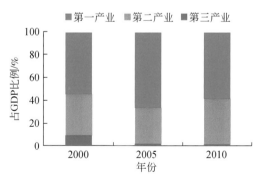

图5-4 长沙市区三次产业占GDP比例

5.1.4 人口城市化

人口城市化采用城镇人口占总人口的比例来表征。长沙市区2000年、2005年、2010年人口情况见表5-3和图5-5。

表 5-3 长沙市区 2000 年、2005 年、2010 年人口状况

行政区	总人口			城镇人口			城镇化水平		
	2000 年	2005 年	2010 年	2000 年	2005 年	2010 年	2000 年	2005 年	2010 年
长沙市	586.00	617.92	650.12	191.88	218.07	237.78	32.74%	35.29%	36.57%
芙蓉区	31.54	37.05	40.66	28.05	32.89	36.94	88.93%	88.77%	90.85%
天心区	35.82	42.21	40.06	31.66	36.91	36.38	88.39%	87.44%	90.81%
岳麓区	31.61	39.54	62.78	24.29	31.17	36.70	76.84%	78.83%	58.46%
开福区	37.85	41.03	41.99	28.91	32.03	33.35	76.38%	78.06%	79.42%
雨花区	39.40	48.81	54.05	33.43	40.19	45.65	84.85%	82.34%	84.46%
长沙市区	247.96	279.67	293.97	155.48	182.30	196.33	62.70%	65.18%	66.79%

资料来源：长沙市统计年鉴（2001 年，2006 年，2011 年）。

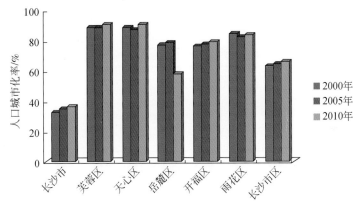

图 5-5 长沙市区人口城市化率

资料来源：长沙市统计年鉴（2001 年，2006 年，2011 年）。

从 2000 年、2005 年、2010 年三个年度看，长沙市区人口总数呈现增加趋势，城镇人口增长较快，而农村人口有一定数量的增加。从各区的变化情况看，城镇人口都是逐年增加的，但农村人口有些区先增后降，有些区逐年下降，有些区逐年增加。芙蓉区、开福区 2000 年、2005 年和 2010 年三个年度城市化水平呈现上升趋势，天心区和雨花区在 2005 年有微弱的下降趋势，而岳麓区在 2005 年增加后，在 2010 年呈现快速的减少趋势，主要原因是岳麓区是长沙市主城区，具有积聚人口的功能，随着外来人口和常住人口增加，总人口增长较快，而城镇户籍变化不大。图 5-6 表明，2001 年、2005 年、2010 年长沙市区人口密度呈现直线上升趋势，说明 2000～2010 年十年间，长沙市区的城市化进程在加快。

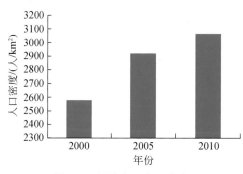

图 5-6　长沙市区人口密度

5.1.5　城市化强度分析

从土地城市化、经济城市化、人口城市化三个方面评价重点城市和建成区的城市化强度。表征长沙市城市化强度的指标见表 5-4。

表 5-4　长沙市及建成区城市化强度

城市及城区	年份	土地城市化			经济城市化/%			人口城市化/%
		土地面积 /km²	建成区面积 /km²	建成区占土地面积比例/%	第一产业比例	第二产业比例	第三产业比例	
长沙市	2000	11 815.96	128	1.08	11.29	40.89	47.82	43.20
	2005	11 815.96	146	1.24	7.48	42.45	50.07	54.13
	2010	11 815.96	272.39	2.31	4.44	53.04	42.52	63.82
	2000~2005 变动	0	18.00	0.16	−3.81	1.56	2.25	10.93
	2005~2010 变动	0	126.39	1.07	−3.03	10.59	−7.55	9.69
	2000~2010 变动	0	144.39	1.23	−6.85	12.15	−5.30	20.62
长沙市城区	2000	958.8	232.32	24.23	2.09	38.65	59.27	62.70
	2005	958.8	376.52	39.27	1.24	33.13	65.63	65.18
	2010	958.8	480.55	50.12	0.96	41.52	57.51	66.79
	2000~2005 变动	0	144.20	15.04	−0.85	−5.52	6.36	2.48
	2005~2010 变动	0	104.03	10.85	−0.27	8.39	−8.12	1.61
	2000~2010 变动	0	248.23	25.89	−1.12	2.87	−1.75	4.09

资料来源：①长沙市统计年鉴（2001 年，2006 年，2011 年）；②长沙市年鉴（2000 年，2005 年，2010 年）。

由表 5-4 可以看出，2000~2010 年十年间，长沙市和长沙市区的城市化强度在逐年加强，2000~2005 年长沙市的建成区面积占土地面积比例变化值只有 0.16%，而 2005~2010 年的变动值达到 1.07%，远远高于前五年的变动，市区的变化更为显著，建成区占土地面积比例从 2000 年的 24.23% 增加到 2010 年的 50.12%，增长了一倍多。长沙市的人口城市化也显示了这种趋势，2000 年的人口城市化率只有 43.2%，到 2005 年增长到54.13%，年均增长 2% 以上，而到 2010 年，人口城市化率达到 63.82%，2005～2010 年年均增长率接近 2%。长沙市区的人口城市化率已经比较高，在十年间呈现缓慢的增长。从经济城市化来看，长沙市第一产业产值比例呈现明显的下降趋势，第二产业产值比例呈现快速上升趋势，第三产业产值比例呈现下降趋势。十年间，长沙城区第一产业产值比例呈现下降趋势，第二产业产值比例在 2005 年下降，在 2010 年又快速上升。第三产业产值比例在 2000～2005 年间增长，但在 2005～2010 年间呈现下降趋势。

5.2　生态质量和城市景观格局

与城市群的生态质量调查评估类似，重点城区的生态质量也可以用地表覆盖比例、构成变化来表征。但与城市群不同的是，土地覆盖不再仅用植被覆盖来表示，而是涵盖不透水地表、植被、裸地和水体四种用地类型的覆盖结构和比例的变化。景观格局一般指景观的空间格局（spatial pattern），是大小、形状、属性不一的景观空间单元（斑块）在空间上的分布与组合规律。景观格局分析的目的是为了在看似无序的景观中发现潜在的、有意义的秩序或规律（李哈滨，1988）。这里采用形状指数、丰富度指数、多样性指数、聚集度指数、破碎度指数等景观格局指标的变化来综合反映长沙市区十年间城市景观格局的变化。

5.2.1　土地覆盖变化

根据 2000 年、2005 年、2010 年长沙市区高分数据解译结果，获得长沙市区生态系统类型分布图，包括不透水地表、植被、裸地和水体四种用地类型，见图 5-7～图 5-9 和表5-5。

由表 5-5 可以看出，不透水地表所占的比例在逐年增加，植被所占的比例在逐年增加，水体所占比例在 2005 年最大，裸地所占比例基本呈下降趋势。长沙市区各个区十年间的四类用地比例和变化趋势不尽相同，芙蓉区不透水地表所占的比例在五个区中最高，增长幅度也很大，水体所占比例较小，变化不大；天心区不透水地表和植被所占的比例在五个区中处于中等水平，但植被所占比例减少很快，2010 年和 2000 年相比减少了一半以上，水体面积所占比例最大，且有增加趋势；岳麓区的不透水地表所占比例到 2010 年达到 50%，植被所占比例较大，但减少幅度很快；开福区不透水地表所占的比例最低，增幅很大，2010 年与 2000 相比，增加了一倍多，植被覆盖比例最高，减少幅度也较快；雨花区水体所占比例最小，不透水地表和植被所占比例变化趋势与其他区类似。

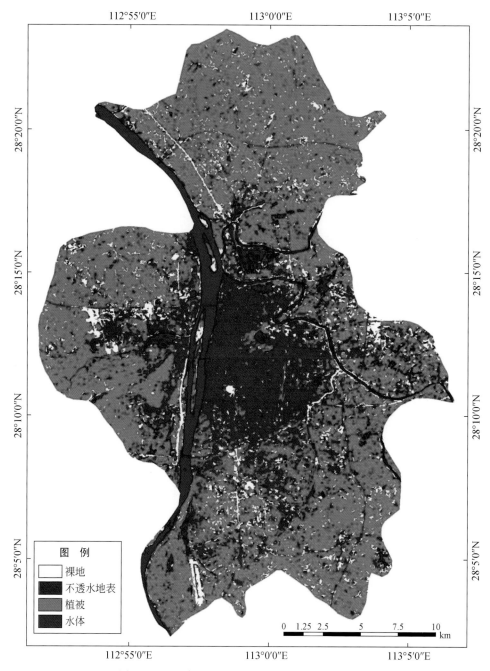

图 5-7 2000 年长沙市重点城区生态系统类型分布

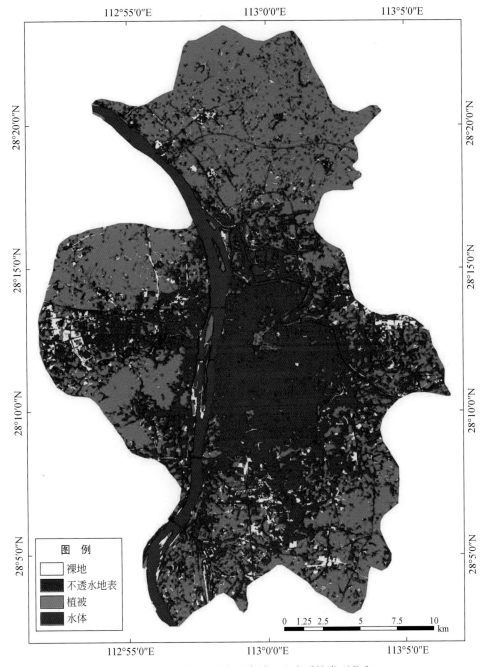

图 5-8　2005 年长沙市重点城区生态系统类型分布

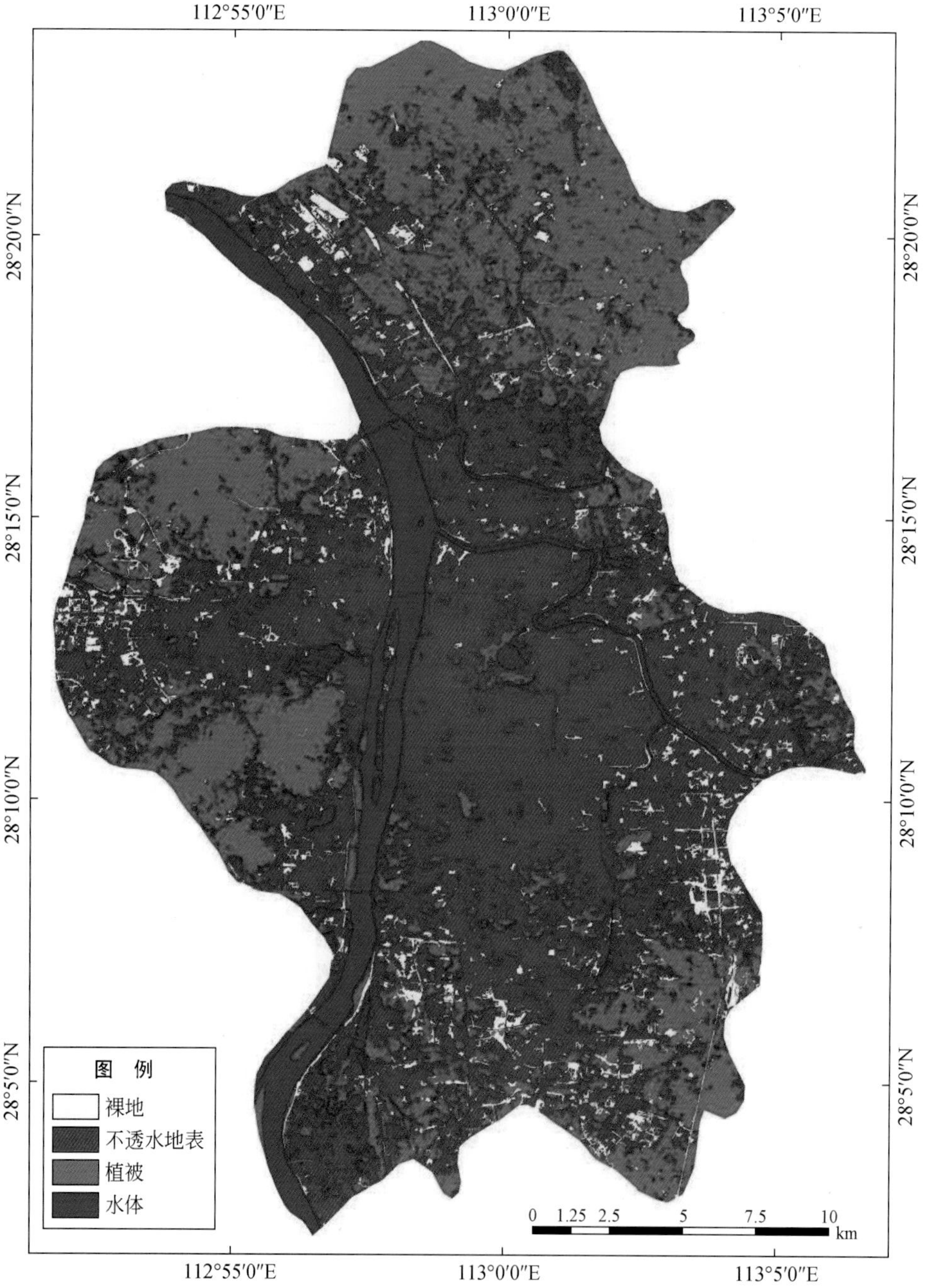
112°55′0″E
113°0′0″E
113°5′0″E
28°20′0″N
28°15′0″N
28°10′0″N
28°5′0″N
图 例
裸地
不透水地表
植被
水体
0 1.25 2.5 5 7.5 10
km

图 5-9 2010 年长沙市重点城区生态系统类型分布

表 5-5　长沙市区不透水地表、植被、水体和裸地的比例

年份	长沙市区	芙蓉区	天心区	岳麓区	开福区	雨花区
2000	25：60：9：6	48：37：7：8	25：51：17：7	25：60：9：6	17：65：6：13	34：57：3：6
2005	42：44：10：4	67：21：7：4	42：30：22：5	40：46：11：4	23：59：16：1	56：36：4：4
2010	53：40：9：4	75：16：5：3	52：23：21：3	50：38：8：4	37：48：12：3	64：30：3：3

5.2.1.1　地表覆盖比例

主要运用不透水地表、植被、水体和裸地的覆盖比例等指标进行评估。2000～2010 年长沙市区的指标值见表 5-6。

表 5-6　长沙市区划定建成区地表覆盖比例　　　　　　（单位:%）

年份	不透水地表覆盖率	植被覆盖率	水体覆盖率	裸地覆盖率
2000	24.23	60.30	9.24	6.23
2005	39.27	45.72	11.4	3.61
2010	50.12	37.49	8.32	4.07
2000～2005 变动	15.04	−14.58	2.16	−2.62
2005～2010 变动	10.85	−8.23	−3.08	0.46
2000～2010 变动	25.89	−22.81	−0.92	−2.16

由表 5-6 可知，2000～2010 年，不透水地表覆盖比例呈现快速增长趋势，十年间占比增加了 25.89%，植被覆盖比例呈现急剧的下降趋势，由 2000 年的 60.30% 下降到 2010 年的 37.49%，水体覆盖比例从 2000～2005 年增长，但到 2010 年下降到 8.32%，裸地覆盖比例整体呈现下降趋势。出现这些趋势的主要原因是随着城市化进程加快，城市建设用地逐年增加，生态用地逐年减少，使得长沙市区地表覆盖比例在不同年度间出现较大的变化。对于城市建成区来说，绿地，尤其是公共绿地的分布和面积是反映生态质量的重要指标。长沙市建成区 2000 年、2005 年、2010 年绿地分布图见图 5-10 和图 5-11。由图 5-10和图 5-11 可以看出，长沙市区的绿地面积呈现明显的减少趋势，尤其是中部地区减少更显著。2005～2010 年的绿地变动图可更清晰地看出，减少的绿地面积要远远大于增加的绿地面积。

5.2.1.2　地表覆盖构成

地表覆盖构成采用划定的建成区、不透水地表、植被地表覆盖的平均斑块面积（km²）和边界密度（m/km²）进行评估。首先，建立城市的生态系统分类体系。建成区包括城市生态系统中最基本的 4 种土地覆盖类型：不透水地表、植被、裸地和水体。建成区生态系统首先分为透水地面和不透水地面两个一级类别。透水地面进一步分为植被、裸地和水体三个二级类。其次，基于高分辨率数据，采用基于回溯的土地覆盖变化检测和土

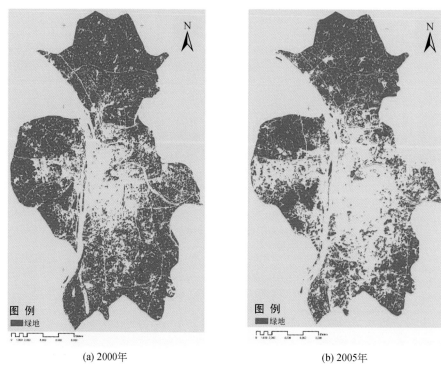

(a) 2000年　　　　　　　　　　　　　(b) 2005年

图 5-10　长沙市建成区 2000 年（a）、2005 年（b）绿地分布图

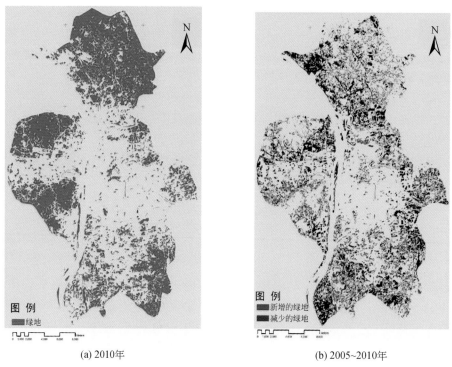

(a) 2010年　　　　　　　　　　　　　(b) 2005~2010年

图 5-11　长沙市建成区 2010 年绿地分布（a）及 2005 ~ 2010 年绿地变动图（b）

地覆盖分类方法，完成城市建成区土地覆盖分类和生态系统遥感信息提取，并进行变化检测。分析 2000 年、2005 年和 2010 年重点城市群和重点城市建成区各生态系统类型的面积、比例、分布，及其在 2000—2005—2010 年的变化情况。不同年份间建成区生态系统类型的变化将采用生态系统类型转移矩阵分析方法。长沙市区的地表覆盖分析结果见表 5-7，各用地类型转换为建设用地比例见表 5-8。

由表 5-7 可知，长沙市划定建成区的斑块密度在 2000 年、2005 年和 2010 年三个年度变化不大，但边界密度呈现先增后降趋势，划定建成区的不透水地表平均斑块面积呈现较大的增长趋势，边界密度在 2000 年和 2005 年基本相似，在 2010 年有较大的下降。划定建成区内的植被平均斑块面积呈现较大幅度的下降趋势，边界密度有所增加。以上变化趋势说明，建成区建设用地在逐年增加，且有连片发展趋势，而植被土地覆盖类型用地在逐年减少，且呈现一定的破碎化趋势。

表 5-7　长沙市区地表覆盖构成　　　　（单位：km²，m/km²）

年份	长沙市					
	划定建成区		划定建成区的不透水地表		划定建成区内的植被	
	斑块面积	边界密度	斑块面积	边界密度	斑块面积	边界密度
2000	0.11	9492.12	0.04	24 142.75	0.36	10 707.57
2005	0.15	13 528.90	0.1	24 638.17	0.02	69 238.23
2010	0.19	11 145.06	0.18	17 960.87	0.07	14 125.33

表 5-8 显示，三个时间段内，裸地转化为不透水地表的比例最大，超过 50%，其次是植被覆盖类型转化为不透水地表的比例。2005～2010 年五年间，各类用地转化为不透水地表的比例都大于 2000～2005 年的比例，这也从某种程度上说明最近的五年建设用地扩大规模和速度都大于前五年。

表 5-8　划定建成区各用地类型转换为建设用地比例　　　　（单位:%）

年份	长沙市区			
	植被—不透水地表	水体—不透水地表	裸地—不透水地表	备注
2000～2005	24.85	20.18	51.24	以 2005 年建成区范围为基准
2005～2010	28.45	27.42	69.55	以 2010 年建成区范围为基准
2000～2010	38.67	28.19	59.64	以 2010 年建成区范围为基准

从表 5-9 可以看出，三个年度，长沙市区平均斑块面积呈现上升趋势，边界密度先上升后下降。从所属各区来看，芙蓉区的斑块密度增加较快，边界密度呈现较快的下降趋势；天心区平均斑块面积在 2000～2010 年较快增加，边界密度先降后升；岳麓区的平均斑块面积在 2005 年有较大幅度的下降，但到 2010 年又有一定幅度的增加；开福区的平均斑块面积增加较快，边界密度略有降低；雨花区的平均斑块面积在 2005 年有所降低，但到 2010 年又有一定幅度的增加，边界密度有所降低。

表 5-9　长沙市区平均斑块面积和斑块密度

地表覆盖分布	年份	长沙市区	芙蓉区	天心区	岳麓区	开福区	雨花区
平均斑块面积/m²	2000	132 998	105 831	59 118	132 996	90 619	120 244
	2005	150 000	163 607	184 786	55 729	163 608	1 032 721
	2010	190 000	190 000	228 993	85 422	210 746	145 035
边界密度/（m/km²）	2000	5756. 36	7299. 53	9691. 67	5756. 36	6126. 67	6266. 65
	2005	6528. 9	5536. 73	5633. 21	11 191. 81	5536. 73	5169. 31
	2010	4883. 53	4541. 85	9113. 44	4883. 5	5644. 52	4959. 7

5.2.2　景观格局分析

采用格局指数方法评价城市群和重点城市的景观格局特征，从单个斑块、斑块类型和景观镶嵌体三个层次上，重点分析 2000 年、2005 年和 2010 年长沙市区生态系统景观结构组成特征、空间配置关系及其十年变化。

5.2.2.1　形状指数（SHAPE）

通过计算某一斑块形状与相同面积的圆或正方形之间的偏离程度来测量形状复杂程度。具体分析评价时对区域全部类型斑块和绿地类型斑块分别进行区域平均。指标计算方法如下。

$$SHAPE = \frac{P_{ij}}{\min P_{ij}} \tag{5-1}$$

式中，P_{ij} 为斑块 ij 的周长。$\min P_{ij}$ 为由栅格数目决定的第 ij 个斑块的最小周长。

SHAPE 等于斑块周长除以最小周长，斑块最小周长是对应斑块面积的最大紧凑斑块（正方形）。SHAPE ≥ 1，无上限。当斑块是最大紧凑（即正方形或近似正方形）时，SHAPE = 1，随着斑块形状越来越不规则，SHAPE 无上限增加。

5.2.2.2　丰富度指数（R，R_r，R_d）

指景观中斑块类型的总数，即 $R = m$，m 为景观中斑块类型的数目。在比较不同景观时，可采用相对丰富度和丰富度密度。

$$R_r = \frac{m}{m_{\max}}, \quad R_d = \frac{m}{A} \tag{5-2}$$

式中，R_r，R_d 分别表示相对丰富度和丰富度密度；$m_{\max}$ 是景观中斑块类型数的最大值；A 是景观面积。

5.2.2.3　香农多样性指数（SHDI）

SHDI 用于反映景观异质性，特别对景观中各拼块类型非均衡分布状况较为敏感，即强调稀有拼块类型对信息的贡献，适用于比较和分析不同景观或同一景观不同时期的多样性与异质性变化。

$$\text{SHDI} = -\sum_{i=1}^{m} P_i \ln P_i \tag{5-3}$$

式中，P_i 为第 i 类斑块所占整个景观面积的比例。

SHDI 在景观级别上等于各拼块类型的面积比乘以其值的自然对数之后的和的负值。SHDI = 0 表明整个景观仅由一个拼块组成；SHDI 增大，说明拼块类型增加或各拼块类型在景观中呈均衡化趋势分布。如在一个景观系统中，土地利用越丰富，破碎化程度越高，其不定性的信息含量也越大，SHDI 值越高。

5.2.2.4 聚集度指数（R_c）

聚集度指数反映景观中不同斑块类型的非随机性或聚集程度。

$$R_c = 1 - \frac{C}{C_{\max}} \tag{5-4}$$

式中，R_c 是相对聚集度指数，取值范围为 $0 \sim 1$ 之间；C 为复杂性指数，$C_{\max}$ 是 C 的最大可能取值，C 和 $C_{\max}$ 的计算公式为

$$C = -\sum_{i=1}^{m}\sum_{j=1}^{m} P(i,j)\ln\big[P(i,j)\big]$$
$$C_{\max} = 2\ln(m) \tag{5-5}$$

式中，$P(i,j)$ 是生态系统 i 与生态系统 j 相邻的概率；m 是景观中生态系统类型总数。

在实际计算中，$P(i,j)$ 可由下式估计：

$$P(i,j) = \frac{E(i,j)}{N_b} \tag{5-6}$$

式中，$E(i,j)$ 是相邻生态系统 i 与 j 之间的共同边界长度；N_b 是景观中不同生态系统间边界的总长度。

R_c 的取值越大，代表景观由少数团聚的大斑块组成；R_c 值小，代表景观由许多小斑块组成。一般经过规划建设的城镇具有更高的景观聚集度，对生态系统的压力也相应较小。

5.2.2.5 破碎度指数

破碎度指数用格局分析中的平均斑块面积和平均边界密度表征。长沙市区的景观格局分析结果如表 5-10 所示。

表 5-10 长沙市区景观格局

城市	年份	形状指数	丰富度指数	多样性指数	聚集度指数	破碎度指数
长沙市区	2000	56.47	0.0006	1.3426	49.4498	0.4640
	2005	56.10	0.0006	1.3627	49.8049	0.4609
	2010	56.28	0.0006	1.3792	49.6396	0.4686
	2000 ~ 2005 变动	−0.37	0	0.0201	0.3551	−0.0031
	2005 ~ 2010 变动	0.18	0	0.0165	−0.1653	0.0077
	2000 ~ 2010 变动	−0.19	0	0.0366	0.1898	0.0046

由长沙市区景观格局指数可知,形状指数变化较小,先降后升,因景观类型已经确定,所以丰富度指数不变,多样性指数不断增加,聚集度指数在 2000~2005 年减少,但在 2005~2010 年期间增加,破碎度指数整体呈现增加趋势。以上变化说明,在十年间,斑块形状有所改变,各类景观拼块类型增加或各拼块类型在景观中呈均衡化趋势分布,大小斑块有所转化,景观破碎程度有所增加。

5.3 环境质量变化

与城市群类似,重点城区环境质量的调查评估内容主要包括地表水环境质量、空气质量、土壤环境质量、酸雨状况等几个方面。鉴于 2000~2010 年长沙市区环境质量数据较难以获得、部分指标部分年份数据缺失等问题,考虑到长沙市的环境质量状况基本涵盖了长沙市区,本节主要采用长沙市部分年份的环境质量指标,包括地表水、地下水等环境质量指标、全年空气质量优于二级的天数比例、酸雨强度与频度等大气环境质量指标等来体现长沙市区的环境质量状况及其变化情况。

5.3.1 水环境

5.3.1.1 地表水环境

长沙市在湘江段的地表水水质常规监测点有四个,即昭山、猴子石、三汊矶、乔口;在浏阳河段有三个,即椰梨、黑石渡、三角洲。根据长沙市 2008 年 3 月份环境质量公报,湘江长沙段昭山、猴子石、三汊矶、乔口断面水质类别均为Ⅲ类,均达到相应水环境功能标准。与上月相比,各断面水质均无明显变化。与去年同期相比,昭山、三汊矶断面水质类别由Ⅳ类上升至Ⅲ类,水质改善,猴子石、乔口断面水质无明显变化。浏阳河长沙段椰梨断面水质类别为Ⅲ类,达到相应水环境功能标准,黑石渡、三角洲断面水质均未达到相应水环境功能标准。根据长沙市环境质量报告书(2010 年度),长沙市区内河流 3 类水体以上的比例为 53%。结合第 3 章城市群中长沙市的主要地表水监测断面 2000~2007 年水质状况,可以判断地表水水质呈现逐渐好转趋势,饮用水源地水质基本都能满足饮用水的要求,断面水质功能也在逐渐趋于达标。但个别监测断面的一些水质指标,尤其是重金属仍存在超标现象。

5.3.1.2 地下水环境

目前,尚缺乏长沙市区地下水环境质量的数据和资料。根据长沙市水资源公报,2010 年长沙市地下水资源量为 21.54 亿 m^3,其中长沙市区 4.791 亿 m^3。根据 2009 年、2010 年、2011 年、2012 年的《湖南省地质环境公报》可知,长沙市地下水总体水质有恶化趋势,由良好级向较差级转变,需要引起有关部门的高度重视。

5.3.2 大气环境

5.3.2.1 空气质量

根据长沙市的环境状况公报和环境质量报告书，2000 年、2005 年和 2010 年，长沙市全年空气质量优于二级的天数比例分别为 85.7 天、88.6 天、92.8 天。

5.3.2.2 酸雨强度与频度

根据长沙市的环境状况公报和环境质量报告书，2000 年、2005 年和 2010 年，长沙市的降水 pH 平均为 4.32、4.38、4.33，酸雨频率分别为 80.6%、95.6%、80.2%。

5.4 资源环境效率

资源环境效率主要是指水资源、能源的利用效率和单位经济产值主要污染物的排放量。本节主要采用单位 GDP 水耗指标分析长沙市区 2000～2010 年间的水资源利用效率变化，采用单位 GDP 能耗指标反映能源利用效率，用单位 GDP 主要污染物排放量衡量环境效率，并分析其在 2000～2010 年间的变化情况。

5.4.1 水资源利用效率

水资源利用效率采用单位 GDP 水耗进行评估。

图 5-12 表明，2000～2010 年间，长沙市区单位 GDP 水耗呈现下降趋势，2010 年与 2000 年相比，下降了近 3/4。

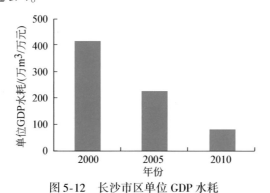

图 5-12 长沙市区单位 GDP 水耗

5.4.2 能源利用效率

能源利用效率采用单位 GDP 能耗来分析。图 5-13 显示，2001～2010 年，长沙市区单位 GDP 能耗呈现先上升后下降的趋势，2010 年与 2000 年相比，下降了近一半。

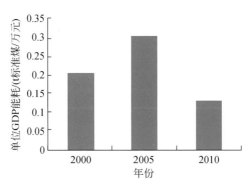

图 5-13　长沙市区单位 GDP 能耗

根据长沙市统计信息网提供的数据，可获得长沙市全市和市区各区 2005～2010 年的能源消耗情况，见表 5-11 和表 5-12。

表 5-11　长沙市区各区单位 GDP 能耗　（单位：t 标准煤/万元）

区县（市）	2005 年	2006 年	2007 年	2008 年	2009 年	2010 年
长沙市区	1.03	0.99	0.944	0.886	0.846	0.826
芙蓉区	1.01	0.966	0.92	0.862	0.814	0.8
天心区	0.98	0.938	0.891	0.835	0.796	0.779
岳麓区	0.90	0.852	0.804	0.755	0.722	0.707
开福区	0.96	0.906	0.86	0.808	0.771	0.759
雨花区	0.75	0.735	0.693	0.651	0.62	0.6
望城县	1.18	1.115	1.066	1	0.954	0.943

表 5-12　长沙市区各区单位 GDP 电耗　（单位：千瓦时/万元）

区县（市）	2005 年	2006 年	2007 年	2008 年	2009 年	2010 年
长沙市区	621.3	608	580.9	549.1	481.3	474
芙蓉区	581	523.6	469	424.3	404	394.3
天心区	725.9	702.8	681.6	676.8	545.6	522.9
岳麓区	693.7	656.6	630.5	572.8	547.7	516.6
开福区	825.3	757.4	687.2	644.8	544.2	518
雨花区	478	492.1	453.9	483.3	411	404.8
望城县	587.9	691.5	642.9	617.9	531.6	523

由长沙市区各区 2005～2010 年单位 GDP 能耗和单位 GDP 电耗可以看出，各区（县）的单位 GDP 的能耗呈现下降趋势，各区在 2005 年能耗水平在 0.75～1.20t 标煤，到 2010年降到 0.6～0.95。能耗降低较快的原因一方面与国家实行的节能政策有关，另一方面也

与节能技术和设备的使用有较大的关系。

5.4.3 环境利用效率

环境利用效率采用单位 GDP 主要污染物排放量来衡量。从表 5-13 和图 5-14 可以看出，2000～2010 年，长沙市区单位 GDP 的 COD 和 SO_2 排放量呈现大幅度的减少趋势，尤其是单位 GDP 的 COD 排放量，2010 年比 2000 年降低了 10 倍以上。这说明，近十年来，多种污染治理手段和措施，特别是污水处理厂建设运行和脱硫设施的运行成效显著。从几个区来看，芙蓉区和雨花区 2005 年单位 GDP 化学需氧量与 2000 年相比，出现较大的增加，到 2010 年又有较大幅度的回落，而天心区和岳麓区在 2005 年下降较快，但在 2010 年出现较大的反弹。长沙市区和所属几个区单位 GDP 的 SO_2 排放量呈现快速下降趋势。

表 5-13　长沙市区单位 GDP 主要污染物排放量　　（单位：kg/万元）

行政区	单位 GDP 化学需氧量排放量			单位 GDP 二氧化硫排放量		
	2000 年	2005 年	2010 年	2000 年	2005 年	2010 年
芙蓉区	0.133	0.412	0.053	1.935	0.103	0.007
天心区	0.142	0.026	0.138	2.912	0.039	0.006
岳麓区	0.262	0.132	0.210	2.662	0.090	0.223
开福区	0.471	0.098	0.077	4.216	0.177	0.004
雨花区	0.564	0.912	0.708	7.495	0.758	0.028
长沙市区	1.572	0.139	0.036	19.220	1.168	0.268

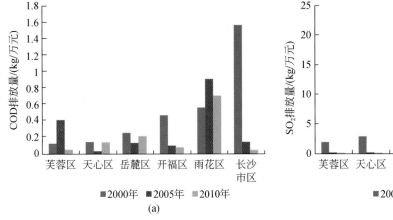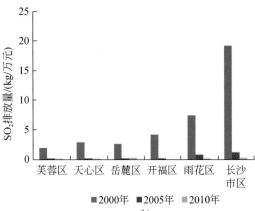

图 5-14　长沙市区各区单位 GDP COD（a）和 SO_2（b）排放指标

5.5　生态环境胁迫状况

生态环境胁迫过程是指人类活动对自然资源和生态环境构成的压力。这种胁迫过程包括资源胁迫和环境胁迫（苗鸿等，2001）。城市化进程与生态环境之间客观上存在着种种矛盾和胁迫作用，尤其在在城市化进程加快的当前。本节主要从人口密度、水资源开发强度、能源利用强度、主要污染物排放强度、经济强度以及产生的热岛效应等方面来分析、评价长沙市区的生态环境胁迫及其在2000～2010年间的变化。

5.5.1 人口密度

2000年、2005年、2010年长沙市区建成区人口密度见表5-14。

表5-14 长沙市区2000年、2005年、2010年人口密度状况（单位：人/km²）

行政区	2000年	2005年	2010年
芙蓉区	7390	8681	9527
天心区	4885	5756	5463
岳麓区	587	734	1165
开福区	2006	2174	2225
雨花区	3419	4236	4691
长沙市区	1298	1464	1539

注：资料来源于长沙市统计年鉴（2001年，2006年，2011年）。

表5-14和图5-15显示，除了天心区在2010年人口密度略有下降外，其他几个区在2000～2010年间人口密度都呈现上升趋势，尤其是人口密度大的芙蓉区和雨花区上升趋势更为明显。

由图5-16可以看出，2001～2010年间，长沙市区建成区人口密度呈现直线增长趋势，2000～2005年增长速度高于2005～2010年，主要是城市化速度加快，人口城市化速度远远高于土地城市化速度，使得长沙市区聚集人口的功能进一步加强，所以人口密度不断增长。而2000～2005年是长沙市城市化发展最快的五年，也是城市人口增长最快的五年。

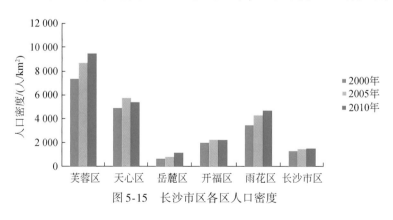

图5-15 长沙市区各区人口密度

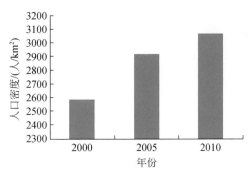

图 5-16　长沙市区建成区人口密度

5.5.2　水资源开发强度

长沙市区水资源开发强度采用用水量占水资源总量的比例来评价。2000～2010 年的十年间，长沙市区用水量占水资源总量的比例呈现较快的增加，说明水资源开发强度有较大的增加，见图 5-17。

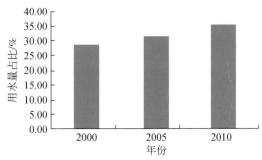

图 5-17　长沙市区用水量占水资源总量的比例

资料来源：长沙市水资源公报（2000 年、2005 年、2010 年）。

5.5.3　能源利用强度

根据长沙市统计信息网提供的数据，可获得长沙市全市和市区各区 2005～2010 年的能源消耗情况，据此计算长沙市区及各区 2005 年和 2010 年能源利用强度。由表 5-15 和图 5-18 可以看出，2010 年与 2005 年相比，长沙市区和所属各区能源利用强度增加迅速，其中芙蓉区、天心区和雨花区增加一倍以上，这说明随着社会经济的发展，单位土地面积上消耗的能源量逐渐增加，大气污染物减排压力也会随之增加。

表 5-15　长沙市区能源利用强度　　　（单位：万 t 标准煤/km²）

行政区	2005 年	2010 年
芙蓉区	5.48	10.97
天心区	1.82	4.26
岳麓区	0.22	0.55
开福区	0.74	1.58
雨花区	1.77	4.31
长沙市区	0.86	1.95

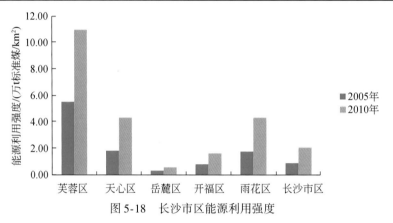

图 5-18　长沙市区能源利用强度

5.5.4　大气污染物排放强度

　　长沙市区大气污染评价主要采用单位土地面积主要大气污染物排放量指标。从表 5-16 和图 5-19、图 5-20 可以看出，长沙市区单位土地面积 SO_2 排放量变化呈现波动趋势，2005 年比 2000 年下降，2010 年与 2005 年相比又有所上升。单位土地面积烟尘、粉尘排放量也呈现波动变化，2005 年与 2001 年相比有较大的增加，但到 2010 年又有所回落。从各区来看，2000～2010 年，芙蓉区、天心区和开福区单位土地面积 SO_2 排放量呈现快速的下降趋势，岳麓区先降后升，雨花区先升后降。

表 5-16　长沙市区大气污染物排放强度　　　（单位：t/km²）

行政区	单位土地面积二氧化硫排放量			单位土地面积烟尘粉尘排放量		
	2000 年	2005 年	2010 年	2000 年	2005 年	2010 年
芙蓉区	1.62	0.99	0.19	11.90	5.30	1.03
天心区	2.44	0.37	0.17	24.31	1.22	2.50
岳麓区	2.23	0.86	6.10	1.46	0.44	0.36
开福区	3.53	1.69	0.12	10.76	7.25	0.68
雨花区	6.28	7.23	0.77	55.54	66.98	6.20
长沙市区	16.10	11.14	7.35	12.00	10.05	1.32

　　资料来源：①长沙市环境状况公报（2000 年、2005 年、2010 年）；②长沙市环境质量报告书（2000 年、2005 年、2010 年）。

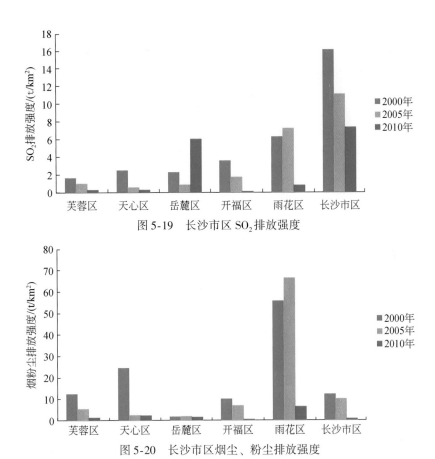

图 5-19　长沙市区 SO_2 排放强度

图 5-20　长沙市区烟尘、粉尘排放强度

5.5.5　水污染物排放强度

水污染物排放强度评价主要采用单位土地面积主要水污染物排放量衡量（表 5-17）。

表 5-17　长沙市区水环境污染物排放强度　　　　　　（单位：t/km^2）

行政区	单位土地面积化学需氧量排放量			单位土地面积氨氮排放量		
	2000 年	2005 年	2010 年	2000 年	2005 年	2010 年
芙蓉区	2.50	7.76	1.01	7.64	1.69	0.58
天心区	1.55	0.28	1.51	11.29	15.29	10.26
岳麓区	0.39	0.20	0.31	1.20	3.54	1.88
开福区	2.01	0.42	0.33	3.83	3.72	1.08
雨花区	3.93	6.36	4.93	7.05	9.68	11.33
长沙市区	1.32	1.32	0.99	3.72	3.11	3.97

资料来源：①长沙市环境状况公报（2000 年、2005 年、2010 年）；②长沙市环境质量报告书（2000 年、2005 年、2010 年）。

表5-17和图5-21、图5-22显示，2000（2001）～2010年，长沙市区单位土地面积 COD 排放量呈下降趋势，而单位土地面积氨氮排放量却呈现先降后升的趋势。主要的原因可能是社会经济的发展使得长沙市区污水排放量、COD 和氨氮的产生量都增加，污水处理设施对 COD 的去除效果较好，而对氨氮的去除效果较差。

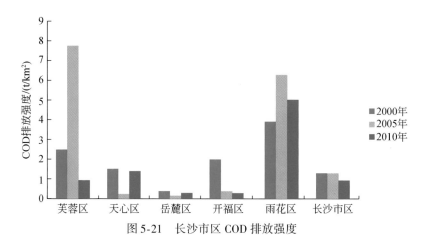

图 5-21　长沙市区 COD 排放强度

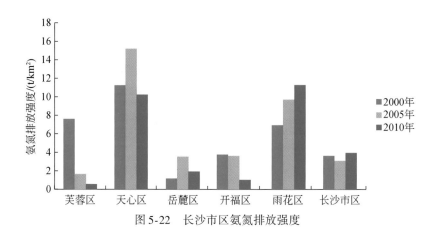

图 5-22　长沙市区氨氮排放强度

5.5.6　固体废弃物产生和排放

固体废弃物评估采用单位土地面积固体废物产生量指标来进行。2000～2010年，长沙市区和各区固体废弃物排放强度呈现下降趋势，尤其是在 2005～2010 年间急剧下降，说明单位土地面积排放的固体废物大大减少，这种变化趋势与中国从"十五"以来加大污染治理力度，"十一五"以来实行总量减排制度有关，如表5-18所示。

表 5-18　长沙市区固体废弃物排放强度　　　（单位：t/km²）

行政区	2000 年	2005 年	2010 年
芙蓉区	354.66	272.07	53.04
天心区	218.04	30.11	10.45
岳麓区	140.88	28.02	33.20
开福区	297.49	165.44	15.34
雨花区	494.81	493.24	117.37
长沙市区	229.66	122.00	38.94

资料来源：①长沙市环境状况公报（2000 年、2005 年、2010 年）；②长沙市环境质量报告书（2000 年、2005 年、2010 年）。

表 5-18 和图 5-23 显示，长沙市区 2001 年、2005 年、2010 年三个年份单位土地面积固体废弃物产生量呈现下降趋势，尤其是到 2010 年，废物排放强度已经降到 2000 年的 1/10 以下。这种变化趋势与近年来实施的废物综合利用和垃圾无害化处理措施有很大的关系，使得更多的固体废物得到合理利用和无害化处理，大大减少了排放量。

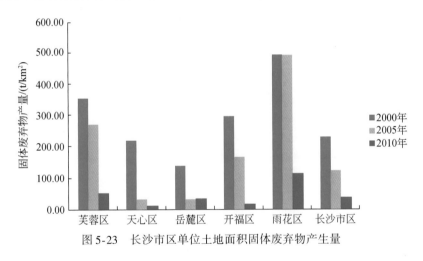

图 5-23　长沙市区单位土地面积固体废弃物产生量

5.5.7　经济活动强度

经济活动强度用经济密度来衡量（赵庆海等，2008）。表 5-19 和图 5-24 显示，2000~2010 年，长沙市区的经济密度增加了几倍，说明在此期间，长沙市区经济呈现快速增长趋势，尤其在 2005~2010 年增长更为迅猛。各区的经济密度相差很大，经济密度最大的芙蓉区，在 2000 年经济密度已经达到了 10 亿元/km²，而经济密度较小的岳麓区 2000年只有 232 万元/km²。

表 5-19　长沙市区经济密度　　　　　　（单位：万元/km²）

行政区	2000 年	2005 年	2010 年
芙蓉区	109 858	214 234	615 686
天心区	2388	31 568	79 784
岳麓区	232	2521	7435
开福区	824	6892	22 312
雨花区	1443	12 625	34 140

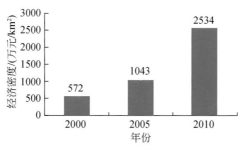

图 5-24　长沙市区经济密度

5.5.8　热岛效应

　　长沙市区的热岛效应信息提取和处理方法与长株潭类似，热岛效应强度计算也采用相同的方法进行。如图 5-25 所示，长沙市区热岛效应扩展趋势明显，2002 年集中在主城区，2010 年向主城区周边的郊区扩展明显，已经分散到市区的各个区域。虽然 2005 年的高温区范围有所缩小，但主城区与周边的温差在缩小。这种变化趋势主要与人类活动类型和强度有关。随着社会经济发展和城市建设的加快，原来主要在主城区突出的热岛效应现象也随着人类活动的扩展和转移而转移。

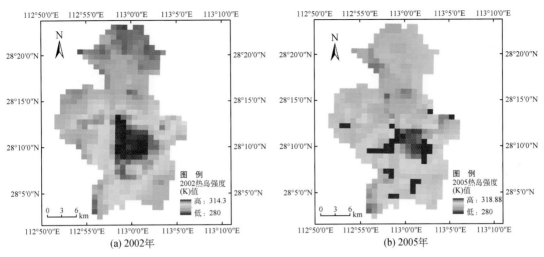

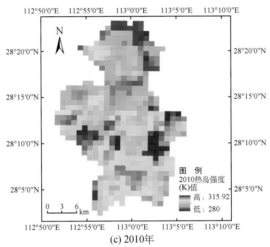

图 5-25　长沙市区热岛强度

表 5-20　长沙市区城乡温度差异 　　　　　　　　　　　　　　　（单位：℃）

年份	长沙市区	芙蓉区	天心区	岳麓区	开福区	雨花区
2002	3.19	2.16	2.98	3.23	3.11	3.17
2005	4.05	3.37	4.08	3.53	3.78	4.15
2010	3.45	3.52	3.23	3.62	3.42	3.37

　　表 5-20 显示，2002 年、2005 年和 2010 年三个年度长沙市区城乡温度差异最大的年份是 2005 年，最小的是 2002 年。从各个区的情况看，2002 年，芙蓉区城乡温度差异最小，岳麓区最大；2005 年，芙蓉区的城乡温度差异最小，雨花区的最大；2010 年，天心区的城乡温度差异最小，岳麓区最大。几个区相比，2000 年城乡温度差异的值相差较大，但到 2005 年差值缩小，2010 年各个区之间的差值更加缩小，说明随着社会经济的发展和城乡建设加快，长沙市区内各个区域城乡温度差异逐渐趋同。

第6章 长株潭城市群及长沙城区生态环境变化综合评估

本书的前面几章主要是根据城市群和重点城区生态环境十年变化调查评估的要求、指标、方法等分别对长株潭城市群和长沙市重点城区的城市化进程、生态环境质量演变、资源环境效率和生态环境胁迫进行了详细的调查评价，并分析了城市化进程及其对生态环境的影响、城市生态环境质量十年变化趋势，以及生态环境系统承受的压力和胁迫等。本章将在前5章的基础上，对长株潭城市群和长沙市区的生态环境效应及胁迫进行综合分析、评价，并对比分析其他城市群相应指标的变化情况，进而反映城市化和经济社会发展对环境的影响、生态环境的效应及承受的胁迫，为进一步提出生态环境管理对策提供依据。

6.1 城市群城市化生态环境效应综合评估

对于城市群城市化的生态环境效应，除了采用第1章选定的生态质量指数、环境质量指数、资源效率指数、生态环境胁迫指数、生态环境质量综合指数、城市化的生态环境效应综合指数等指标进行综合分析评价外，本节将通过经济城市化、土地城市化与污染排放之间的关系分析来综合反映长株潭城市群资源环境效率。

6.1.1 城市化与环境污染物排放关联性分析

通过资源环境效率指标与社会经济发展之间的相关关系分析评价城市化的生态环境效应。

6.1.1.1 经济城市化与水环境污染物排放之间的关系

这里选择单位产值主要污染物排放指标来分析长株潭区域的经济城市化与水环境污染物排放、水环境质量的关系。以2007年度的数据为例进行分析（表6-1）。

表6-1 2007年长株潭地区万元、亿元产值环境污染物排放情况

地区	万元工业废水排放量/（t/万元）	亿元产值排放的化学需氧量/（t/亿元）	亿元产值排放的石油类/（t/亿元）	亿元产值排放的氨氮/（t/亿元）
长沙	6.37	6.99	0.03	0.29
株洲	17.12	38.51	0.52	15.49
湘潭	28.01	59.10	0.51	8.91
湖南	26.68	68.55	0.23	8.36

资料来源：①长沙、株洲、湘潭市环境状况公报（2007年）；②长沙、株洲、湘潭市环境质量报告书（2007年）。

　　由相关数据可知，长沙万元工业三废排放量、亿元废水排放量都远远低于湖南省平均水平，说明长沙的经济发展对环境的破坏程度较小，在环境和经济的协调发展的道路上走在前面。株洲环境污染物除工业废水中石油类、氨氮等指标单位产值较高外，其他三废污染物单位产值排放水平普遍低于全省平均水平。湘潭的单位产值污染在三市中最为严重，万元三废排放量都在全省平均水平以上，分别是株洲的 1.64 倍、3.97 倍和 2.4 倍，较长沙更高。

　　为了反映经济城市化与大气污染物之间的关系，初步选择核心区各重点行业二氧化硫、烟尘、粉尘排放量比例进行分析。二氧化硫主要排放行业：长株潭工业企业中二氧化硫排放重点行业主要是黑色金属冶炼及压延加工、有色金属冶炼及压延加工、电力和热力生产及供应业、化学原料及化学制品制造、非金属矿物制品业和其他，6 个重点行业的二氧化硫排放量分别占 22.06%、14.81%、38.65%、16.64%、7.03% 和 0.80%（图6-1）。

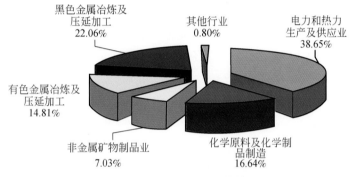

图 6-1　长株潭重点行业二氧化硫排放示意图

　　烟尘排放源行业分布：长株潭工业企业中烟尘排放重点行业主要是黑色金属冶炼及压延加工、有色金属冶炼及压延加工、电力和热力生产及供应业、化学原料及化学制品制造、非金属矿物制品业和其他，6 个行业的烟尘排放量分别占 34.35%、1.36%、36.42%、23.26%、1.08% 和 3.53%（图6-2）。

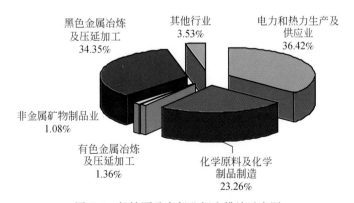

图 6-2　长株潭重点行业烟尘排放示意图

　　粉尘排放源行业分布：长株潭工业企业粉尘排放的重点行业中非金属矿物制品业排名

首位占77.62%；其次为化工行业占9.36%，黑色金属冶炼业及压延加工占8.39%，有色金属冶炼业及压延加工占1.73%，其他行业占2.89%（图6-3）。

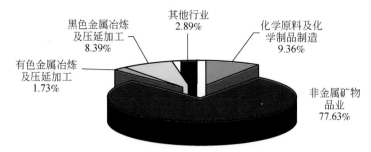

图6-3　长株潭重点行业粉尘排放示意图

氮氧化物排放源行业分布：核心区工业企业氮氧化物排放的重点行业中占首位的是电力和热力生产及供应业，占总量的66.46%；其次为黑色金属冶炼业及压延加工，占18.17%；其他行业占6.87%；化工行业占6.36%；非金属矿物制品业占1.20%；有色金属冶炼业及压延加工占0.95%（图6-4）。

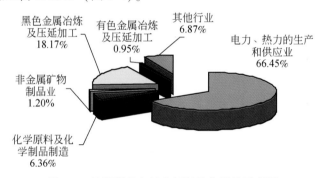

图6-4　长株潭重点行业氮氧化物排放示意图

6.1.1.2　土地城市化与环境污染物排放之间的关系

此处选择单位面积环境主要污染物排放指标来反映土地城市化与水环境污染排放之间的关系。长株潭三市的计算结果见表6-2。

表6-2　2007年长株潭地区单位面积环境污染物排放情况

地区	工业废水/（t/km²）	化学需氧量/（t/万 km²）	石油类/（t/万 km²）	氨氮/（t/万 km²）
长沙	3703.29	4061.82	19.799	168.39
株洲	7544.87	16 971.59	228.148	6826.37
湘潭	22 200.30	46 843.89	405.723	7063.41
湖南	5088.32	13 071.86	43.624	1594.32

资料来源：①长沙、株洲、湘潭市环境状况公报（2007年）；②长沙、株洲、湘潭市环境质量报告书（2007年）。

从表6-2可以看出，长沙工业三废排放量、氨氮排放量都低于湖南省平均水平。湘潭工业废水是全省平均水平的4.36倍，其单位面积污染最为严重，在长株潭三市中为最高。

株洲的单位产值污染物排放与湖南省平均水平较为接近，除石油类和氨氮稍高外，其他污染物与全省平均水平相差不到1倍。

综合分析长株潭三城市单位面积和单位产值所产生的环境污染物，并将其与湖南省平均水平比较，可知三个城市之中长沙经济所带来了环境压力最小，株洲次之，湘潭的经济增长对环境的影响最为严重。因此，株洲和湘潭有必要进行产业结构调整、转型、升级以实现环境优化经济增长。

6.1.2 生态环境效应指标动态分析与评估

通过对生态环境相关指标进行变化分析评估城市群的城市化效应，具体计算指标为生态质量、环境质量、资源环境效率、生态环境胁迫等指标前后年份的差值与前年数值的百分比值。鉴于一些指标难以获得2001~2010年全部数据，此处仅选择一些有代表性和可得的指标，结果见表6-3。

表6-3 城市生态环境指标动态变化

指标 时间	生态质量		环境质量	资源环境效率				生态环境胁迫					
	斑块密度/(个/km²)	植被覆盖度/%	空气质量/%	水资源利用效率/(t/万元)	能源利用效率/(t标煤/万元)	单位GDP SO₂排放量/(kg/万元)	单位GDP COD排放量/(kg/万元)	人口密度/(人/km²)	水资源开发强度/%	能源利用强度/(t标煤/km²)	单位土地面积SO₂排放量/(t/km²)	单位土地面积COD排放量/(t/km²)	经济密度/(万元/km²)
2000	4.42	62.68	89.60	111.99	1.73	12.8	12.5	441	—	793.18	5.43	5.49	458.79
2005	4.32	62.02	92.50	50.12	1.58	12.6	10.2	458	29.37	1140.57	7.94	6.76	859.79
2010	4.29	61.98	93.40	10.9	1.27	4.4	4.3	486	27.79	2512.8	6.38	5.88	2390.58
2000~2005 变动率/%	-2.26	-1.05	3.24	-55.25	-8.67	-1.56	-18.40	3.85	—	43.80	46.22	23.13	87.40
2005~2010 变动率/%	-0.69	-0.06	0.97	-78.25	-19.62	-65.08	-57.84	6.11	-5.39	120.31	-19.65	-13.02	178.04
2000~2010 变动率/%	-2.94	-1.12	4.24	-90.27	-26.59	-65.63	-65.60	10.20	—	216.80	17.50	7.10	421.06

表6-3显示，表征生态质量的斑块密度和植被覆盖度两个指标均呈现降低趋势，这在某种程度上说明长株潭的生态质量有所下降；表征环境质量的空气质量指标（空气质量优于二级的天数比例）呈上升趋势，一定程度上反映了长株潭城市群的大气环境质量在逐步改善；表征资源环境效率的水资源利用效率、能源利用效率、单位GDP SO₂排放量、单位GDP COD排放量等指标均呈现下降趋势，尤其是在2005~2010年下降更快速，这说明在2000~2010年，长株潭城市群的资源、能源利用效率不断提高，主要污染物排放量在逐年减少；反映生态环境胁迫的人口密度指标在2000-2010年有较快的增加，说明长株潭城市群生态环境面临着较大的人口压力，能源开发强度增加快速，能源消耗总量增加迅速，势必造成空气环境质量的压力。单位土地面积主要污染物排放量在2000~2005年快速增加，

但在 2005～2010 年间又有明显的回落，说明在前五年，生态环境承受了较大的污染物压力，近年来污染物对生态环境的胁迫有所缓解；经济密度增长迅速，一方面提高了土地资源的产出率，但也相应地可能带来较大的资源、生态环境压力和胁迫。

6.2 城市群生态环境质量及胁迫综合评估

本节将在前面几章的基础上计算生态质量指数、环境质量指数、资源效率指数、生态环境胁迫指数、生态环境质量综合指数、城市化的生态环境效应指数等 6 类生态环境质量及胁迫指数，采用综合评价方法和图解法评价长株潭城市群的生态环境质量及其胁迫效应。

6.2.1 生态环境质量及胁迫指数综合评价

6.2.1.1 城市化生态环境胁迫和效应综合评估方法

生态环境胁迫与效应分析主要是城市化与区域和城市生态环境变化的关系，阐明城市化过程的生态环境影响和胁迫，从生态系统破坏、资源能源消耗、大气环境污染、水环境污染、固体废弃物排放及城市热岛效应等方面评估长株潭城市群和长沙市市辖区城市化的生态环境效应强度及格局。

构建 6 个综合指数对生态环境质量及胁迫进行评价，包括：生态质量指数（ecosystem quality index，EQI）、环境质量指数（environmental quality index，EHI）、资源效率指数（resource efficiency index，REI）、生态环境胁迫指数（eco-environmental stress index，EESI）、生态环境质量综合指数（comprehensive eco-environmental quality index，CEQI）、城市化的生态环境效应指数（urbanization's eco-environmental effect index，UEEI），以反映城市群生态环境状况和城市化效应。

（1）生态质量指数（ecosystem quality index，EQI）

用长株潭城市群评价指标体系中用于生态质量分析评价的自然生态系统比例、农田生态系统比例、建成区比例、生态系统生物量、生态系统退化程度、景观破碎度 6 个指标和各指标在该主题中的相对权重，构建生态质量指数，用来反映各城市群生态质量状况。

$$EQI_i = \sum_{i=1}^{n} w_i r_{ij} \tag{6-1}$$

式中，EQI_i 为第 i 市生态质量指数；w_j 为各指标相对权重，r_{ij} 为第 i 市各指标的标准化值。

（2）环境质量指数（environmental quality index，EHI）

用指标体系中环境质量主题中的河流监测断面水质优良率、主要湖库湿地面积加权富营养化指数、全年 API 指数小于（含等于）100 的天数占全年天数的比例、酸雨强度、热岛效应强度 5 个指标和各指标在该主题中的相对权重，构建环境质量指数，用来反映各市环境质量状况。

$$EHI_i = \sum_{j=1}^{n} w_i r_{ij} \tag{6-2}$$

式中，EHI_i 为第 i 市环境质量指数；w_j 为各指标相对权重；r_{ij} 为第 i 市各指标的标准化值。

（3）资源效率指数（resource efficiency index，REI）

用指标体系中资源效率主题中水资源利用效率和能源利用效率两个指标和各指标在该主题中的相对权重，构建资源效率指数，用来反映各市资源利用效率状况。

$$REI_i = \sum_{j=1}^{n} w_j r_{ij} \tag{6-3}$$

式中，REI_i 为第 i 市资源效率指数；w_j 为资源效率主题中各指标相对权重；r_{ij} 为第 i 市各指标的标准化值。

（4）生态环境胁迫指数（eco-environmental stress index，EESI）

用生态环境胁迫指标体系中城市化率、二三产业比重、建设用地比例、水资源开发强度、能源利用强度、CO_2 排放强度、COD 排放强度、SO_2 排放强度、氨氮排放强度、氮氧化物排放强度、固废排放强度 11 个指标和各指标在该主题中的相对权重，构建生态环境胁迫指数，用来反映各市生态环境受胁迫状况。

$$EESI_i = \sum_{j=1}^{n} w_j r_{ij} \tag{6-4}$$

式中，EESI_i 为第 i 市生态环境胁迫指数；w_j 为生态环境胁迫主题中各指标相对权重；r_{ij} 为第 i 市各指标的标准化值。

（5）生态环境质量综合指数（comprehensive eco-environmental quality index，CEQI）

用城市自然生态系统比例、农田生态系统比例、不透水地面比例、生态系统生物量、生态系统退化程度、景观破碎度、河流监测断面水质优良率、主要湖库湿地面积加权富营养化指数、全年 API 指数小于（含等于）100 的天数占全年天数的比例、酸雨强度、热岛效应强度 11 个生态环境质量综合指标及指标权重，构建生态环境质量综合指数，用来反映各市生态环境综合质量状况。

$$CEQI = \sum_{j=1}^{n} w_j r_{ij} \tag{6-5}$$

式中，CEQI_i 为第 i 市生态环境综合质量指数；w_j 为资源效率主题中各指标相对权重；r_{ij} 为第 i 市各指标的标准化值。

（6）城市化的生态环境效应指数（urbanization's eco-environmental effect index，UEEI）

用城市自然生态系统比例变化、农田生态系统比例变化、不透水地面比例变化、生态系统生物量变化、景观破碎度变化、全社会用水量变化、能源利用量变化、河流监测断面水质优良率变化、主要湖库湿地面积加权富营养化指数变化、全年 API 指数小于（含等于）100 的天数占全年天数的比例变化、酸雨强度变化、固废排放量变化、城市热岛效应强度指数变化 13 个指标及各自权重，构建生态环境效应指数，用来反映各市城市化的生态环境效应状况。

$$UEEI_i = \sum_{i=1}^{n} w_j r_{ij} \tag{6-6}$$

式中，UEEI_i 为第 i 市城市化的生态环境效应指数；w_j 为资源效率主题中各指标相对权重；

r_{ij}为第i市各指标的标准化值。

6.2.1.2　指数综合评价

（1）指标的归一化和相对权重

1）指标标准化。为了便于城市群和不同重点城市之间的比较，生态环境质量及胁迫采用归一法，即把不同的数据按照统一标准构建指数，去掉单位、量纲等的影响，直接反映问题的本质。具体计算方法为：将不同指标根据指标范围的最大值和最小值统一做归一化处理到 0～1 的范围。标准化计算方法如下：

$$X_{ij} = (X_{ij} - minX_j) / (maxX_j - minX_j) \tag{6-7}$$

式中，X_{ij}为第i年第j项单项指标标准化后的值和原始值；$maxX_j$和$minX_j$分别为所有年份中第j项单项指标的最大值和最小值。

以上各指数归一化结果见表 6-4。

2）指标相对权重。采用专家打分法和层次分析法相结合确定各指标的相对权重。相对权重结果见表 6-5。

（2）综合评价指数计算结果

根据前面的计算方法和指标处理方法，计算出长株潭城市群和各城市的生态质量指数、环境质量指数、资源效率指数、生态环境胁迫指数、生态环境质量综合指数、城市化的生态环境效应综合指数，结果见表 6-6。

（3）综合评估

由表 6-6 可以看出：2000～2010 十年间，长株潭城市群和所属三个市的生态质量指数呈现较快的下降趋势，说明城市群的生态质量在十年间是变差的。三市在十年间生态质量指数变化趋势有所不同，长沙市在 2000～2005 年，生态质量指数减少了一半多，2005～2010 年下降幅度放缓；株洲市 2000～2005 年和 2005～2010 年间下降幅度基本相同；湘潭市 2000～2005 年间下降幅度略高于 2005～2010 年的幅度。长株潭城市群和三市的环境质量指数在 2000～2010 年间增加较大，说明环境质量状况有较大的改变。三市中，长沙市的环境质量指数增加最大，说明长沙市的环境质量改善显著；株洲市的环境质量指数在 2005 年增加很快，但到 2010 年又有所降低；湘潭市的环境质量指数 2005 年比 2000 年降低，到 2010 年又有较快的增长。资源环境效率指数指标基本都是负向指标综合计算而成，指数越小说明资源环境效率越高，反之亦然。2000～2010 年，长株潭城市群和三市的资源环境效率指数呈现逐年下降趋势，说明十年间资源环境效率有所提高。2000～2010 年间，长株潭城市群和三市的生态环境胁迫指数呈现上升趋势，说明面临的生态环境压力越来越大，从三市比较来看，株洲市和湘潭市生态环境压力上升的幅度大于长沙市，说明这两个市在 2000～2010 年面临的生态环境压力更大。长株潭城市群的生态环境质量指数变化趋势和生态质量只是和环境质量指数变化趋势类似。整体上看，长株潭和三市的城市化生态环境效应指数比较趋同，相差不大，基本都在 0.5 上下波动。

表6-4 各指标指数归一化结果

年份	区域	生态质量			环境质量			资源效率						生态环境胁迫					
		植被覆盖度	斑块密度	生物量	空气质量优良率	酸雨强度	热岛效应强度	单位GDP水耗	单位GDP能耗	单位GDP COD排放量	单位GDP SO_2排放量	三产比例	建设用地比例	水资源开发强度	能源利用强度	COD排放强度	SO_2排放强度	人口密度	经济密度
2000	长沙	1	0	1	0	0	0	1	1	1	1	1	0	0	0	1	0	0	0
	株洲	1	0	1	0	0	0.667	1	1	1	1	1	0	1	0	0	0.086	0	0
	湘潭	1	0	1	0	0	1	1	1	1	0.532	1	0	1	0	0	0.018	0.323	0
	长株潭	1	0	1	0	0	0.800	1	1	1	1	0.783	0	0	0	0	0.317	0	0
2005	长沙	0.13	0.200	0.889	0.408	1	0.966	0.389	0.360	0.609	0.434	0	0.54	0.313	0.205	0.793	1	0.491	0.209
	株洲	0.56	0.273	1	0.700	1	1	0.449	0.462	0.955	0.834	0	0.86	0.723	0.205		1	0.500	0.211
	湘潭	0.68	0.267	0.857	0.063	0.889	0	0.572	0.500	0.758	1	0	0.92	0.898	0.189	0.756	0	1	0.196
	长株潭	0.26	0.231	1	0.763	1	0	0.436	0.412	0.569	0.717	1	0.67	0.855	0.202	0.472	0	0.654	0.208
2010	长沙	0	0	1.125	1	0.167	1	0	0	0	0	0.481	1	1	1	0	0.030	1	1
	株洲	0	0	0.800	1	0.455	0	0	0	0	0	0.369	1	1	1	0.756	0	1	1
	湘潭	0	0	1.167	1	1	0.231	0	0	0	0	0.088	1	0	1	0.472	1	0	1
	长株潭	0	0	1	1	0.625	1	0	0	0	0	0	1	0	1	0.308	1	1	1

表6-5 各指数的相对权重

生态质量			环境质量		
植被覆盖度	斑块密度	生物量	空气质量优良率	酸雨强度	热岛效应强度
0.33	0.29	0.38	0.54	0.16	0.30

资源效率				生态环境胁迫							
单位GDP水耗	单位GDP能耗	单位GDP COD排放量	单位GDP SO_2排放量	水资源开发强度	能源利用强度	COD排放强度	SO_2排放强度	人口密度	经济密度	建设用地比例	三产比重
0.33	0.33	0.17	0.17	0.07	0.21	0.18	0.18	0.11	0.10	0.11	0.04

表6-6　长株潭城市群生态环境评价综合指数

年份	区域	生态质量指数	环境质量指数	资源环境效率指数	生态环境胁迫指数	生态环境质量指数	城市化的生态环境效应指数
2000	长沙	1.001	0.021	1.000	0.226	0.474	0.511
	株洲	1.001	0.199	1.000	0.124	0.549	0.530
	湘潭	1.001	0.298	0.922	0.147	0.587	0.550
	长株潭	1.001	0.238	1.000	0.157	0.564	0.549
2005	长沙	0.438	0.671	0.424	0.525	0.546	0.521
	株洲	0.644	0.839	0.602	0.625	0.748	0.689
	湘潭	0.628	0.179	0.651	0.509	0.421	0.481
	长株潭	0.532	0.575	0.497	0.487	0.595	0.539
2010	长沙	0.379	0.865	0.000	0.614	0.626	0.529
	株洲	0.303	0.614	0.000	0.677	0.505	0.464
	湘潭	0.379	0.772	0.000	0.688	0.623	0.535
	长株潭	0.379	0.940	0.000	0.763	0.672	0.592

6.2.2　生态环境质量及胁迫图解分析

采用综合指数分析评估生态环境质量的变化和胁迫状况，可以较为定量、精确地反映生态环境质量的变化及所受压力的趋势。为了更加直观反映长株潭城市群和三个城市生态环境质量和所受胁迫状况，这里采用图解法进行分析。

6.2.2.1　生态质量综合分析

根据长株潭城市群和各城市的植被破碎化程度、植被面积比例和单位面积生物量，我们绘制雷达图来同时对以上指标进行对比分析，并对同一个指标在不同时期的变化进行分析。长株潭城市群和长沙、株洲、湘潭三市植被破碎化程度、植被面积比例和单位面积生物量雷达分析图如图6-5所示。

由图6-5可以看出，无论是城市群还是三个城市，植被斑块密度在三个指标中都是最小的，生物量的数值明显小于植被面积比例。从2000年、2005年和2010年三个年度看，生物量有增加趋势，株洲市的植被面积比例最大，长沙市的最小。

6.2.2.2　生态质量指数

将长株潭和三个市的生态质量指数绘制成雷达分析图，如图6-6所示。

由图6-6可以看出，城市群和各个城市在2000年的生态质量指数最大，并且在图上分布均匀，呈现规则的四边形，说明城市群和各个城市2000年的生态质量指数基本一致。2005年，城市群和各个城市的生态质量指数与2000年相比快速减小，之间也产生较大的

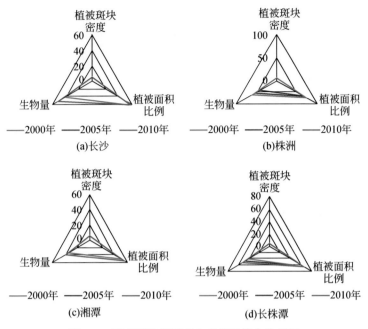

图 6-5　城市群和各城市生态质量综合分析图

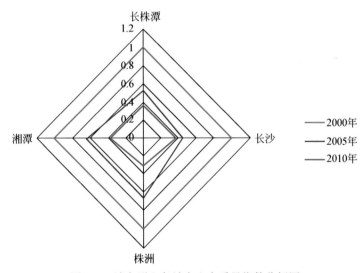

图 6-6　城市群和各城市生态质量指数分析图

分化，长沙市变小最明显。到 2010 年，城市群和各个城市的生态质量指数继续减小，大小又趋于一致。

6.2.2.3　环境质量指数

环境质量指数的雷达分析见图 6-7。

由图 6-7 可知，2000 年城市群和各个城市的环境质量指数最小，之间相差很大，长沙

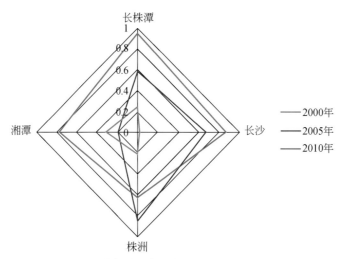

图6-7 城市群和各城市环境质量指数分析图

市的远远小于株洲市、湘潭市和长株潭城市群，导致在雷达图上围成的图形趋于一个三角形。2005年长沙市、株洲市和长株潭城市群的环境质量指数快速增加，但湘潭市有一定程度的减小，使得围成的图形趋于一个与2000年方向相反的三角形。2010年，三市和城市群的环境质量指数向均一化发展，与2005年相比，长沙、湘潭和城市群的指数增加较快，而株洲的指数有较大幅度的减小。

6.2.2.4 生态环境胁迫指数

生态环境胁迫指数的雷达分析见图6-8。

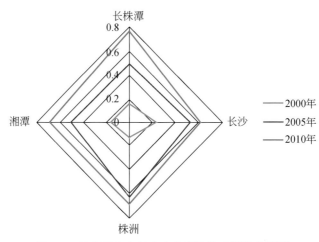

图6-8 城市群和各城市生态环境胁迫指数分析图

由图6-8可知，2000～2010年长株潭城市群和三个城市的生态环境胁迫指数均有较大幅度的提高。其中，2000～2005年的指数值为0.2左右，到2005年提升到0.6左右，提

...

升的幅度大于2005～2010年。三个年度中，城市群、三个城市之间的差异不大，图中围成的图形也反映了这一点。

6.2.2.5 生态环境质量指数

生态环境质量指数雷达分析见图6-9。

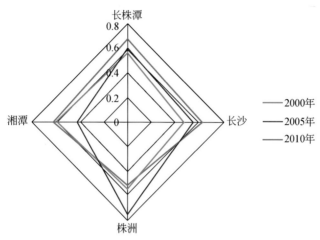

图 6-9　城市群和各城市生态环境质量指数分析图

图6-9反映了城市群和三个城市的生态环境质量指数随时间变化的趋势。由该图可以看出，2000年、2005年和2010年城市群和长沙、湘潭的生态环境质量指数相差不大，株洲市的在2005年有较大幅度的增加。

6.2.2.6 城市化的生态环境效应指数

城市化的生态环境效应指数分析见图6-10。

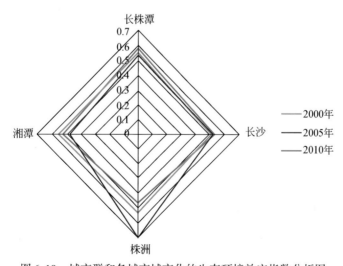

图 6-10　城市群和各城市城市化的生态环境效应指数分析图

同样的，2000年、2005年和2010年城市群和三个城市的城市化生态环境效应指数相差不大，但株洲市在2005年的城市化生态环境效应指数较大，远高于2000年和2010年度，这与该市生态质量指数等几个分指数普遍较高有关。

6.3 长沙城区生态环境质量及胁迫综合评估

本节选择生态质量指数、环境质量指数、资源效率指数、生态环境胁迫指数、生态环境质量综合指数、城市化的生态环境质量指数等六个指数，采用综合指数评价方法对长沙城区生态环境质量及胁迫进行综合评价。同时，采用雷达图、图表法等图解综合评价法分析评价生态质量与城市景观格局、城市化进程、资源效率、环境质量以及生态环境胁迫状况等。

6.3.1 综合指数评价

构建5个综合指数对生态环境质量及胁迫进行评价，包括：城市化强度指数、生态质量指数、资源环境效率指数、生态环境胁迫指数、城市化的生态环境效应指数，以反映重点城市生态环境状况和城市化效应的整体状况。

6.3.1.1 生态质量指数（EQI）

用长沙市区评价指标体系中生态质量主题中的城市自然生态系统比例、不透水地面比例、城市绿地比例、生态系统生物量、生态系统退化程度、景观破碎度6个指标和各指标在该主题中的相对权重，构建生态质量指数，用来反映各城市生态质量状况。

$$EQI_i = \sum_{j=1}^{n} w_j r_{ij} \qquad (6-8)$$

式中，EQI_i为第i市生态质量指数；w_j为各指标相对权重，r_{ij}为第i市各指标的标准化值。

6.3.1.2 环境质量指数（EHI）

用指标体系中环境质量主题中的河流监测断面水质优良率、主要湖库湿地面积加权富营养化指数、全年API指数小于（含等于）100的天数占全年天数的比例、酸雨强度、热岛效应强度5个指标和各指标在该主题中的相对权重，构建环境质量指数，用来反映各市环境质量状况。

$$EHI_i = \sum_{j=1}^{n} w_j r_{ij} \qquad (6-9)$$

式中，EHI_i为第i市环境质量指数；w_j为各指标相对权重；r_{ij}为第i市各指标的标准化值。

6.3.1.3 资源效率指数（REI）

用指标体系中资源效率主题中水资源利用效率和能源利用效率两个指标和各指标在该主题中的相对权重，构建资源效率指数，用来反映各市资源利用效率状况。

$$\text{REI}_i = \sum_{j=1}^{n} w_j r_{ij} \qquad (6\text{-}10)$$

式中，REI_i 为第 i 市资源效率指数；w_j 为资源效率主题中各指标相对权重；r_{ij} 为第 i 市各指标的标准化值。

6.3.1.4　生态环境胁迫指数（EESI）

用生态环境胁迫指标体系中二三产业比重、建设用地比例、水资源开发强度、能源利用强度、CO_2 排放强度、COD 排放强度、SO_2 排放强度、氨氮排放强度、氮氧化物排放强度、固废排放强度共 10 个指标和各指标在该主题中的相对权重，构建生态环境胁迫指数，用来反映各市生态环境受胁迫状况。

$$\text{EESI}_i = \sum_{j=1}^{n} w_j r_{ij} \qquad (6\text{-}11)$$

式中，EESI_i 为第 i 市生态环境胁迫指数；w_j 为生态环境胁迫主题中各指标相对权重；r_{ij} 为第 i 市各指标的标准化值。

6.3.1.5　生态环境质量综合指数（CEQI）

用城市自然生态系统比例、城市绿地比例、不透水地面比例、生态系统生物量、生态系统退化程度、景观破碎度、河流监测断面水质优良率、主要湖库湿地面积加权富营养化指数、全年 API 指数小于（含等于）100 的天数占全年天数的比例、酸雨强度、热岛效应强度 11 个生态环境质量综合指标及指标权重，构建生态环境质量综合指数，用来反映各市生态环境综合质量状况。

$$\text{CEQI}_i = \sum_{j=1}^{n} w_j r_{ij} \qquad (6\text{-}12)$$

式中，CEQI_i 为第 i 市生态环境综合质量指数；w_j 为资源效率主题中各指标相对权重；r_{ij} 为第 i 市各指标的标准化值。

6.3.1.6　城市化的生态环境效应指数（UEEI）

用城市自然生态系统比例变化、农田生态系统比例变化、不透水地面比例变化、生态系统生物量变化、景观破碎度变化、全社会用水量变化、能源利用量变化、河流监测断面水质优良率变化、主要湖库湿地面积加权富营养化指数变化、全年 API 指数小于（含等于）100 的天数占全年天数的比例变化、酸雨强度变化、固废排放量变化、城市热岛效应强度指数变化 13 个指标及各自权重，构建生态环境效应指数，用来反映各市城市化的生态环境效应状况。

$$\text{UEEI}_i = \sum_{j=1}^{n} w_j r_{ij} \qquad (6\text{-}13)$$

式中，UEEI_i 为第 i 市城市化的生态环境效应指数；w_j 为资源效率主题中各指标相对权重；r_{ij} 为第 i 市各指标的标准化值。

城市化生态环境效应评估指标主要包括生态质量、环境质量、资源效率、生态环境胁迫等指标前后年份的差值与前年数值的百分比值。主要分析方法为：①相关性和回归分析方法。采用相关性分析衡量生态环境效应指标与城市化水平、经济发展水平之间相互关系，利用多元回归分析方法研究城市化和经济发展水平对不同生态环境指标影响的重点程度，量化城市化水平提高和 GDP 增长的生态环境效应。②建立生态环境胁迫指数，量化城市化水平提高、经济增长对生态环境的胁迫效应。

各指数的计算方法、归一化处理和相对权重的确定参照城市群相关指数的方法表 6-7 和 6-8。

由表 6-9 可以看出：2000～2010 十年间，长沙市区和所属区的城市化指数呈现波动状态，2005 年与 2000 年相比指数普遍增加，但 2010 年与 2005 相比又有所下降，说明长沙市区 2000～2005 年间的城市化强度在大于 2005～2010 年间。几个区的城市化强度指数变化趋势有所不同，芙蓉区在 2000～2010 年指数呈现增长趋势，说明该区的城市化速度加快，天心区、岳麓区和开福区在 2005 年达到最高，但到 2010 年又快速下降，说明这几个区 2000～2005 年间的城市化强度大于 2005～2010 年间，雨花区在 2000 年城市化强度指数最高，但 2005 年和 2010 年都有所下降，说明该区在 2000～2005 年间城市化强度增大较快，2005～2010 年间有所放缓。长沙市区和所属区的生态质量指数在 2000～2010 年间呈现快速下降趋势，尤其是 2005～2010 年间降低更快速，说明生态质量有较大幅度的降低。五个区在 2000 年生态质量指数很接近，但到 2005 年出现了较大的分化，尤其是 2010 年，各个区的生态质量指数分化更加显著，尤其是岳麓区和雨花区，生态质量指数降低到 0.1 以下。资源环境效率指数指标基本都是负向指标综合计算而成，指数越小说明资源环境效率越高，反之亦然。2000～2010 年，长沙市区和五个区的资源环境效率指数呈现较明显的下降趋势，说明十年间，资源环境效率有所提高。2000～2010 年，长沙市区和五个区的生态环境胁迫指数呈现上升趋势，说明面临的生态环境压力越来越大，从五个区来看，2005 年芙蓉区的指数是 2000 年的两倍多，增长幅度很快，天心区 2000 年和 2005 年相差不大，到 2010 年快速增加，岳麓区 2000～2005 年生态环境胁迫指数有较大幅度降低，但到 2010 年又有大幅度的增长，开福区的生态环境胁迫指数在 2000～2010 年间呈现平稳增长趋势，雨花区的生态胁迫指数最大。长沙市区和五个区的城市化生态环境效应指数总体呈现下降趋势，2000 年和 2005 年变化不大，在 0.5 上下波动，但到 2010 年有较大幅度降低。

6.3.2　图解综合评价法

根据长沙市区的植被破碎化程度、植被面积比例和单位面积生物量，我们绘制雷达图来同时对以上指标进行对比分析，并对同一个指标在不同时期的变化进行分析。

表 6-7　各指标数据归一化结果

年份	区域	不透水地表面积占建成区面积比例	第三产业比例	建成区人口密度	不同地表覆盖度比例	平均斑块面积	边界密度	建成区绿地面积比例	城市人均绿地面积	单位GDP能耗	单位GDP COD排放量	单位GDP SO$_2$排放量	能源利用强度	COD排放强度	SO$_2$排放强度	人口密度	经济密度	城乡温度差异
2000	长沙市区	0	0	1	0	0.101	1	1	1	—	1	1	—	1	1	0	0	0
	芙蓉区	0	0	1	0	1	1	1	1	—	0.223	1	—	0.293	1	0	0	0
	天心区	0.880	0	1	0	1	1	1	1	—	1	1	—	1	1	0	0	0
	岳麓区	0.181	0	1	1	0.138	1	1	1	—	1	1	—	1	1	0	0	0
	开福区	0	0	1	0	1	1	1	1	—	0	1	—	0.231	0.812	0	0	0
	雨花区	1	0	1	0	1	1	1	1	—	1	1	—	1	1	0	0	0
2005	长沙市区	1	0.689	0.400	0.298	1	0.434	0.370	0.370	1	0.067	0.047	0	1	0.817	0.690	0.240	1
	芙蓉区	1	0.604	0.238	0.686	0.361	0.237	0.229	0.229	1	1	0.050	0	1	0.392	0.604	0.206	0.890
	天心区	1	1	0.250	0.740	0	0.294	0.179	0.179	0	0	0.011	0	0	0	1	0.377	1
	岳麓区	1	0.254	0.364	0	1	0.434	0.496	0.496	1	0.053	0	0	0	0.072	0.254	0.318	0.769
	开福区	0.891	0.767	0.647	0.608	0	0.855	0.635	0.635	1	1	0.041	0	0.044	0.651	0.767	0.282	1
	雨花区	0.447	0.642	0.222	1	0.160	0.266	0.236	0.236	1	0	0.098	0	1	1	0.642	0.342	1
2010	长沙市区	0.280	1	0	0	0	0	0	0	0	0	0	1	0	0	1		0.302
	芙蓉区	0.944	1	0	0	0	0	0	0	0	0	0	1	0	0	1		1
	天心区	0	0.664	0	1	0.858	0	0	0	0	0.966	0.052	1	0.861	0.056	0.664		0.227
	岳麓区	0	1	0	0.384	0	0	0	0	0	0.6	0	1	0	0	1		1
	开福区	1	1	1	1.000	0.183	0	0	0	1	0	0	1	0	0	1		0.463
	雨花区	0	1	0	0.027	0	0	0	0	1	0.414	0	1	0	0	1		0.204

注："—"代表没有数据。

表 6-8　各指数的相对权重

指标	城市化强度			生态质量					资源环境效率		
	不透水地表面积占建成区面积比例	第三产业比例	建成区人口密度	不同地表覆盖比例	平均斑块面积	边界密度	建成区绿地面积比例	城市人均绿地面积	单位 GDP 能耗	单位 GDP COD 排放量	单位 GDP SO$_2$ 排放量
相对权重	0.33	0.29	0.38	0.24	0.16	0.12	0.23	0.25	0.33	0.33	0.33

指标	生态环境胁迫							生态环境质量综合		
	能源利用强度	COD 排放强度	SO$_2$ 排放强度	人口密度	经济密度	城乡温度差异	城市化强度	生态质量	资源环境效率	生态环境胁迫
相对权重	0.17	0.21	0.18	0.18	0.15	0.11	0.28	0.21	0.26	0.25

表 6-9　长沙市区生态环境评价综合指数

年份	区域	城市化强度指数	生态质量指数	资源环境效率指数	生态环境胁迫指数	城市化的生态环境效应指数
2000	长沙市区	0.380	0.616	0.660	0.390	0.505
	芙蓉区	0.380	0.760	0.404	0.242	0.431
	天心区	0.670	0.760	0.660	0.390	0.616
	岳麓区	0.440	0.862	0.660	0.390	0.573
	开福区	0.380	0.760	0.660	0.390	0.535
	雨花区	0.710	0.760	0.330	0.195	0.493
2005	长沙市区	0.682	0.461	0.368	0.627	0.540
	芙蓉区	0.596	0.361	0.677	0.518	0.548
	天心区	0.715	0.299	0.334	0.347	0.436
	岳麓区	0.542	0.450	0.330	0.191	0.380
	开福区	0.762	0.553	0.361	0.417	0.528
	雨花区	0.418	0.411	0.692	0.667	0.550
2010	长沙市区	0.382	0.240	0.000	0.533	0.291
	芙蓉区	0.602	0.240	0.000	0.610	0.371
	天心区	0.193	0.377	0.319	0.655	0.380
	岳麓区	0.290	0.092	0.215	0.610	0.309
	开福区	0.620	0.269	0.000	0.551	0.368
	雨花区	0.290	0.006	0.137	0.522	0.249

6.3.2.1 生态质量与城市景观格局

长沙市区 2000 年、2005 年和 2010 年的不透水地表覆盖率、植被覆盖率、水体覆盖率和裸地覆盖率等土地覆盖变化的雷达分析如图 6-11 所示。

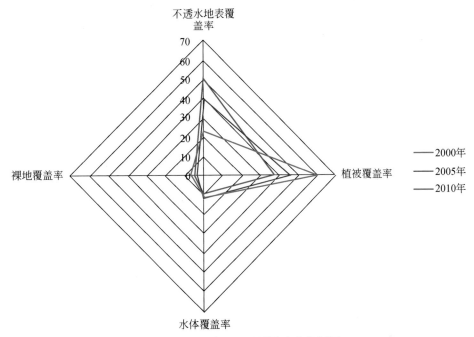

图 6-11 长沙市区土地覆盖变化分析图

长沙市区地表覆盖构成的平均斑块面积分析见图 6-12。

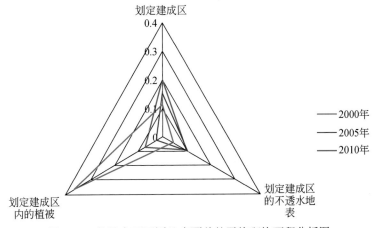

图 6-12 长沙市区不同地表覆盖的平均斑块面积分析图

长沙市区地表覆盖构成的边界密度分析见图 6-13。

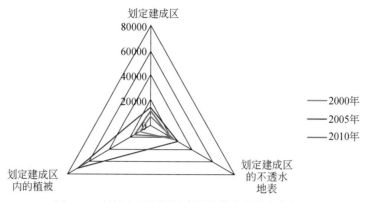

图 6-13　长沙市区不同地表覆盖的边界密度分析图

长沙市区 2000 年、2005 年和 2010 年的景观格局指数分析图见图 6-14。

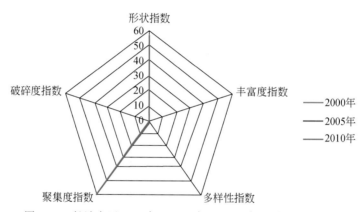

图 6-14　长沙市区 2000 年、2005 年和 2010 年的景观格局指数

　　图 6-11 很直观地显示：2000 年、2005 年和 2010 年三个年度中，长沙市区土地覆盖类型中，不透水地表和植被的覆盖率均最高，水体和裸地的覆盖率较低。2000～2010 年的变化表现为不透水地表覆盖率逐年增加，而植被覆盖率逐年下降的趋势。

　　图 6-12 显示：长沙市区不同地表覆盖的斑块面积在 2000 年、2005 年和 2010 年分异较大。划定建成区和划定建成区的不透水地表的平均斑块面积有较明显的逐年变大趋势，而划定建成区的植被平均斑块密度出现很显著的减少趋势。这说明随着城市建设，不透水地表的斑块通过合并和同质化，趋向大斑块发展，而植被在城市建设中不断地被分割甚至丧失，大斑块越来越少，平均斑块面积逐年下将。

　　从图 6-13 可以看出：在 2000 年、2005 年和 2010 年三个年度中，划定建成区的不透水地表的边界密度变化不大，而划定建成区的植被边界密度在 2005 年出现了很显著的分化特征。单位面积上边界越长，表明景观类型被边界割裂程度越高；反之，景观类型连通性越高，破碎化程度越低。2005 年划定建成区植被边界密度很大，表明该年度植被的破碎化程度很高，受人为影响很大。

图 6-14 显示：2000 年、2005 年和 2010 年长沙市区的景观格局指数分异性不大，形状指数和聚集度指数较大，破碎度指数、多样性指数和丰富度指数都较小。

6.3.2.2 城市化强度指数

城市化强度指数的分析结果见图 6-15。

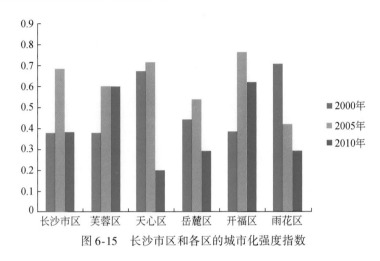

图 6-15 长沙市区和各区的城市化强度指数

城市化率指数的大小和变化在一定程度上反映了城市化强度和进程的变化。图 6-15 显示，长沙市区和各区之间的城市化强度指数差异较大，2000 年，雨花区和天心区的城市化强度较大；2005 年，长沙市区和各区的城市化强度普遍增加，但雨花区的城市化指数变小；2010 年，长沙市区和五个区的城市化强度普遍低于 2005 年，这说明长沙市区在 2000～2005年经过了一段较快的城市化进程后，到 2006～2010 年有所放缓。各区 2000 年、2005 年、2010 年三个年度之间的差别也较为明显，其中差别最显著的是长沙市区 2005 年和 2000 年、2010 年，天心区的 2000 年、2005 年和 2010 年，开福区的 2000 年和 2005 年、2010 年，以及雨花区三个年度的城市化率指数。这说明，以上各区在不同的年度城市化强度较大，变化显著。

6.3.2.3 生态质量指数

长沙市区和所属各区的生态质量指数见图 6-16。

生态质量指数主要反映生态质量的好坏及变化。如图 6-16 显示，2000 年、2005 年、2010 年三个年度长沙市区和各区生态质量指数基本呈现明显的下降趋势，尤其是 2000 年与 2005 年差别更大。在 2000 年，长沙市区和各区的生态质量指数都在 0.6 以上，到了2005 年都降为 0.6 以下，而到 2010 年更是下降到 0.4 以下，说明在十年间，长沙市区和各个区的生态质量水平下降较为突出。

6.3.2.4 资源环境效率指数

长沙市区和所属各区的资源环境效率指数见图 6-17。

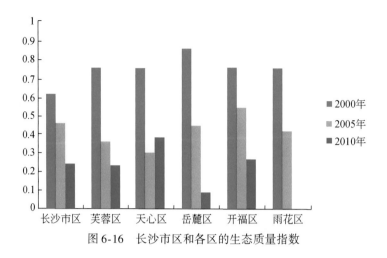

图 6-16　长沙市区和各区的生态质量指数

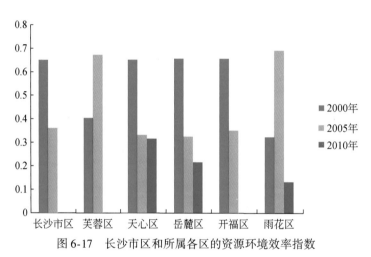

图 6-17　长沙市区和所属各区的资源环境效率指数

资源环境效率指数主要表征城市水资源和能源利用的效率、污染物排放状况等。不同年份间长沙市区和所属各区的资源环境效率指数相差较大,其中,长沙市区、天心区、岳麓区、开福区 2000 年的指数在三个年度中最大,远大于其他两个年份,2005 年和 2010 年逐年下降。芙蓉区和雨花区 2005 年的指数远远大于 2000 年和 2010 年的。

6.3.2.5　生态环境胁迫指数

长沙市区和所属各区的生态环境胁迫指数见图 6-18。

生态环境胁迫指数综合反映了生态环境承受的经济、人口、污染物排放、资源利用等的压力。从图 6-18 可以看出,长沙市区和各区的生态环境胁迫指数总体上是上升的,这说明总体上来看,长沙市区和所属各区的生态环境胁迫程度有逐年加大的趋势。各区三个年度生态环境胁迫指数变化不同,长沙市区和雨花区 2005 年的生态环境胁迫指数最大,而芙蓉区、天心区、岳麓区和开福区 2010 年的生态环境胁迫指数最大。这说明长沙市区及各区在 2000~2010 年间所承受的生态环境胁及变化是不同的。

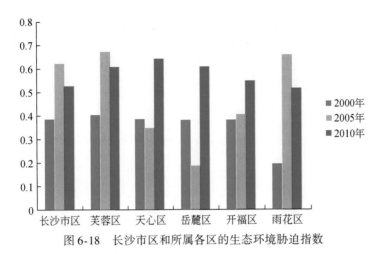

图 6-18　长沙市区和所属各区的生态环境胁迫指数

第7章 | 主要结论和对策建议

本章在前面几章对长株潭城市群和长沙市区城市扩张状况及影响、生态环境状况与质量变化等的调查和评价基础上，总结出长株潭城市群和长沙城区生态环境在2000～2010年的十年变化情况，并分别提出有针对性的生态保护与管理的对策建议。

7.1 主 要 结 论

本节主要是总结前面几章的研究成果，得出主要的结论。通过对长株潭城市群和长沙市区2000～2010年十年间的生态环境现状调查与评估可得出如下结论：一是城市化水平不断提高；二是生态环境质量有所好转；三是生态环境胁迫与效应不断增强。

7.1.1 长株潭城市群

7.1.1.1 城市化的状况、扩展过程、强度及其生态环境影响

从20世纪80年代至今的三十年来，长株潭土地城市化水平大大提高，建成区扩大了几倍；近十年来，长株潭建成区面积增加迅速，长沙的建成区面积增加最快，2010年比2001年扩大了一倍多。人口城市化也显示了这种趋势，2005～2010年年均增长率达到了2.41%，远远高于前五年的年均增长率。十年间，长株潭总人口呈现略微增加趋势，但湘潭市2010年人口总数有所下降。三个城市非农业人口占总人口的比例呈现缓慢上升趋势，以长沙市增长幅度最大。从经济城市化来看，十年间，长沙市、株洲市和湘潭市三次产业占GDP的比例呈现波动趋势，第二产业所占比例最高，在40%以上，第一产业所占比例较低，低于20%。第一产业产值比例呈现明显的下降趋势，第二产业呈现快速上升趋势，第三产业呈波动状态。

三十年间，长株潭的林地和草地面积比例逐渐减低，湿地面积有所增加，耕地的面积比例呈现波动状态，人工表面增加了3倍以上，其中，林地转化为人口表面的面积比例最大。这说明随着城市化进程的加快，林地、湿地、草地等自然生态系统在萎缩，而人工表面等人工生态系统面积在逐年扩张。

7.1.1.2 长株潭城市群生态系统与环境质量状况及变化

从植被破碎化程度看，十年间，长株潭植被斑块密度呈现下降趋势，其中，湘潭斑块

密度下降最快，说明整体上，长株潭植被破碎化程度变小，斑块趋于变大，连通性变好。三个城市中，长沙市的斑块密度最大，株洲市的斑块密度最小，说明长沙市植被破碎化程度最高，株洲市的最小。植被覆盖率整体较高，超过 60%，株洲的植被覆盖率最高，在 70% 上下，长沙市最低。整体的植被覆盖率呈下降趋势，其中 2000 ~ 2005 年下降最快，2005 ~ 2010 年下降趋势放缓，长沙市在 2000 ~ 2010 年植被覆盖率下降最快。

2000 ~ 2005 年，长株潭部分区域和部分环境要素环境质量变坏，2005 ~ 2010 年整体环境质量趋于好转。2010 年，长沙市河流达到Ⅲ类及其以上的水体所占的比例约为 40%，株洲的比例为 42.8%。湘江湘潭段及涟水、涓水全年 80% 以上达到Ⅲ类标准。长沙全年空气质量优良率为 92.8%，株洲市区为 94.52%，湘潭达到 92.88%。从资源能源利用效率看，万元工业增加值新鲜耗水量整体趋势有较大幅度的下降，工业用水重复率呈上升趋势，单位 GDP 水耗呈现急剧下降趋势，2010 年与 2001 年相比降低了几倍到十几倍。能源利用效率不断提高，即耗能不断降低，2005 ~ 2010 年降低幅度比 2000 ~ 2005 年大。单位 GDP 的 COD 排放量在 2000 ~ 2010 年呈现显著的下降趋势，尤其是 2005 ~ 2010 年下降更快。三个城市相比，长沙市单位 GDP 的 COD 排放量最低，单位 GDP 的 SO_2 排放量在 2000 ~ 2010 年整体趋势是下降的。

7.1.1.3 生态环境胁迫与效应

长株潭 2000 ~ 2010 年十年间人口密度变化不大，略有增加。三市区人口密度远远大于所属的其他区县，而且呈现较快的增长趋势，而大部分县呈现下降趋势。

2000 ~ 2010 年，长株潭经济密度与 GDP 呈现相同的上升趋势。三市相比，长沙市的经济密度各年度都是最高的，上升幅度也最大。市区经济密度和增长幅度远远超过其他区县。

2005 ~ 2010 年，长沙市的水资源开发强度大大增加，而株洲市和湘潭市有较快的降低。2000 ~ 2010 年，能源利用强度有较大幅度的增加，尤其是长沙市，能源利用系数的增长速度与各市的社会经济发展速度，特别是 GDP 和工业增长值基本一致。

单位土地面积 SO_2 排放量和粉尘排放量在 2000 ~ 2010 年间基本呈现先升后降的趋势，三市比较，长沙市的单位建设用地 SO_2 排放量要大大低于其他两市，但单位建设用地粉尘烟尘排放量却较高。单位土地面积 COD 排放量和单位建设用地 COD 排放量变化趋势基本类似，2001 年、2005 年、2010 年都是先升后降，三个城市中，长沙市的最低，下降幅度也最大。

长株潭的热岛效应出现了几种较为明显的变化趋势：一是热岛效应出现较明显的区域由长株潭城市建成区向所属区县（市）建成区蔓延的趋势；二是城市辖区的城市热岛强度在逐年降低，而所属县（市）的热岛效应有逐年增强趋势；三是在长株潭南部茶陵县出现了一个新的高温区。建成区和长株潭全区的温差在 2010 年最大，差值与地区平均温度的百分比超过 1%。

7.1.2 长沙城区

7.1.2.1 城市化的状况、扩展过程、强度及其生态环境影响

十年间，长沙市区不透水地表覆盖率呈现快速的增长，2000～2005年间增加了15%以上，2005～2010年增长了10%以上，长沙市区和所属的各区2000～2010年国内生产总值和三次产业产值都呈现较快的增长势头。第一产业所占比例在逐年下降，第二产业所占比例逐年上升，第三产业呈现波动趋势。长沙市区人口总数呈现增加趋势，城镇人口有较快的增长，而农村人口有一定的增加。人口城市化水平在2000～2005年间有一定的提高，但在2005～2010年有较大幅度下降，主要是望城区人口城市化水平远远低于原来的长沙市区，拉低了整个建成区的人口城市化水平。

2000～2010年，不透水地表覆盖比例呈现快速增长趋势，十年间占比增加了25.89%，植被覆盖比例呈现急剧的下降趋势，由2000年的60.30%下降到2010年的37.49%，水体覆盖比例在2000～2005年间有所增长，但到2010年下降到8.32%，裸地覆盖比例整体呈现下降趋势。

7.1.2.2 生态系统与环境质量状况及变化

长沙市划定建成区的斑块密度在2000年、2005年和2010年三个年度变化不大，但边界密度呈现先增后降趋势，划定建成区的不透水地表平均斑块面积呈现较大的增长趋势，边界密度在2000年和2005年基本相似，在2010年有较大的下降。植被平均斑块面积呈现较大幅度的下降趋势，边界密度有所增加。以上变化趋势说明，建成区建设用地在逐年增加，且有连片发展趋势，而植被土地覆盖类型用地在逐年减少，且呈现一定的破碎化趋势。城市景观格局指数分析可知，形状指数变化较小，先降后升，因景观类型已经确定，所以丰富度指数不变，多样性指数不断增加。聚集度指数在2000～2005年减少，但在2005～2010年期间增加，破碎度指数整体呈现增加趋势。

长沙市区内环境质量总体趋于好转，河流3类水体以上的比例为53%，2010年全年空气质量优于二级的天数328天，优良率为92.8%。酸雨现象依然突出，市区降水pH平均为5.3。资源、能源消耗水平整体降低，2001～2010年间，长沙市区单位GDP水耗呈现下降趋势，2010年与2001年相比，下降了近60%。单位GDP能耗呈现先上升后下降的趋势，2010年与2001年相比，下降了近一半。单位GDP的COD和SO_2排放量呈现大幅度的减少趋势，尤其是单位GDP的COD排放量，2010年比2001年降低了90%以上。

7.1.2.3 生态环境胁迫与效应

长沙市区建成区人口密度呈现直线增长趋势，主要是城市化速度加快，使得长沙市区聚集人口的功能进一步加强。经济呈现快速增长趋势，尤其是2005～2010年增长更为迅猛。用水量占水资源总量的比例较快的增加，说明水资源开发强度有较大的增加。市区单

位土地面积 SO_2、烟尘、粉尘排放量变化呈现波动趋势，2005 年比 2000 年下降，2010 年与 2005 年相比又有所上升。单位土地面积化学需氧量排放量呈下降趋势，而单位土地面积氨氮排放量却呈现先降后升的趋势。2001 年、2005 年、2010 年三个年份固体废物产生量变化较大，其中 2005 年较少，2010 年急剧增加，与 2001 年相比，单位土地面积固体废物产生量增加了 3 倍左右。

长沙市区热岛效应扩展趋势明显，2002 年集中在主城区，2010 年向主城区周边的郊区扩展明显，已经分散到市区的各个区域。虽然 2005 年的高温区范围有所缩小，但主城区与周边的温差在缩小。这种变化趋势主要与人类活动类型和强度有关。

7.2 长株潭城市群生态保护与管理对策建议

由前面的分析可知，2000～2010 年，长株潭城市群的生态环境存在较多的问题，如城市化进程加快、环境污染加重、生态质量下降、生态环境胁迫加强等。这些问题的出现，一部分是由于投入少、技术落后等引起，可通过加大投入力度，实施技术、工程措施加以缓解，但造成大部分问题的原因很复杂，还需要多管齐下、多项措施并举才能加以解决和缓解。本书结合 2000～2010 年生态环境调查评估，并结合长株潭城市群下一步的发展战略、规划、计划、目标等，从完善政策体系、推进技术体系、完善相关法律法规、运用经济调控手段、加强环境管理能力、建立生态补偿制度等 6 个大的方面提出长株潭城市群生态保护与管理对策建议。

7.2.1 完善政策体系

（1）合理规划、优化布局，制定主体功能区划，实行有差别的环境管理政策和措施

通过发展循环经济、调整优化产业结构，优化空间布局；增加环保投资，加快环保基础设施建设、提高环境管理水平；建立跨区域的环境治理协调机制，尤其是在湘江水污染治理和长株潭区域大气污染治理方面，更应该打破行政界限，实现联防联治。在不同的行业、不同的地区和功能区划实现有差别的环境管理政策，采取科学、合理、适用的环境管理措施。

（2）完善环保考核体系

建立科学的环保政绩考核制度。以国家环保模范城市标准，作为长株潭三市及县市区环保政绩考核标准，由党委、政府进行专项考核，并公布考核结果，作为干部任免奖惩的重要依据之一。

建立绿色 GDP 绩效评估体系。将环境成本、资源成本纳入国民经济和社会发展指标，从制度上防止生态经济透支的经济发展行为。主要指标可为城市空气优良率、水域功能区达标率、饮用水源达标率、湘江长株潭三市交界断面水质、主要污染物排放强度等。

建立人大、政协专项审议环保工作制度。审议环保工作专题报告，列入人大、政协会议议程，充分发挥人大、政协的民主监督作用。

建立领导干部环保工作任期审计制度。领导干部任期期满和离任的，应对任期环保工作目标完成情况进行审计。对未完成环保工作目标的，应追究其行政责任。

（3）完善环境与发展综合决策制度

各级政府引进的重大项目和对环境有影响的项目将按照规划的要求布局建设和环评审批，严格执行环境保护一票否决权，确保建设项目的"三同时"，保证环保部门对资源开发活动的全过程监督和管理。

7.2.2　推进技术体系

（1）突出重点、兼顾整体，保障饮用水源安全和人体健康

目前和未来一段时间，长株潭区域突出的环境问题为湘江流域水污染治理和饮用水安全保障、大气污染联防工作以及农村环境保护等，在环境保护方面除了将这些作为突出重点工作安排，还要开发、采用先进的技术手段，加快、改进治理效果。同时，要兼顾区域内整体环境质量的提高，落实土壤污染修复工程、循环经济发展区清洁生产示范工程、节能减排工程、农村饮水安全保障工程等项目，推进资源节约型和环境友好型社会综合配套改革试验区建设。

（2）加大科技投资力度，发挥地方科研院所的作用

支持研究开发环保与清洁生产等领域关键技术，重点支持水体重金属污染治理、土地修复、大气污染综合治理技术的开发，形成自主技术。建立环境科技创新基地和相关实验室，研究开发实用的环境治理技术。加强地方环境科学研究所建设，提高环境影响评价能力和环境科学基础研究能力，逐步使环境科学研究所具备承担市辖区环境问题的科学研究、工业区开发项目环境影响评价研究、区域性环境规划研究、环境管理及环境经济政策研究、开发推广污染治理新技术等能力。

7.2.3　完善相关的法律法规

（1）建立高效的环保执法体系

提高环保队伍素质。建立环保行政管理、环境监察、环境监测人员的准入和淘汰机制，保证高素质的人员进入环境管理队伍、低素质的人员淘汰出局，解决地方环保管理机构臃肿、人浮于事、管理水平低下的问题。

强化环境监察机构的执法能力。市及县市区环境监察机构，应按国家环境监察机构能力建设标准，配齐监察执法的设备。对全市重点污染源，全部建立在线监测和视频监视体系，统一将监测数据和图像接入市环境监察支队的污染源监视中心，依靠高科技监督企业排污。

（2）加强环境法制，严格责任追究

对拒不执行环境保护法律、法规、国家产业政策，以及人民政府环境保护决定、命令，制订与环境保护相违背的"土政策"，对环境监管失职、违法违规审批、自然保护区违规开发、环境执法过程程序违法违规的，造成环境质量明显恶化、生态破坏严重、人民群众利益受到侵害等严重后果的，依法追究有关领导和部门及有关人员的责任。创新环境执法机制，实施环境保护综合行政执法。

（3）制定一系列长株潭统一的地方环保法规体系

现代社会强调政府部门依法行政，法规是政府行政管理行为的基本依据，也是政府部门有效履行法定职责的基础，但目前中国的环境保护法规体系除了国家以外，基本是以行政区域为单位制定的，缺乏区域的环保法规，环境保护各自为政，"各扫门前雪"，这也是长株潭将来实现区域联防联治的主要障碍之一。应根据长株潭的实际情况，制定一系列的环保地方法规，从而做到环保工作有法可依，严肃执法。

为规范长株潭城市群环境管理、环境执法、污染防护、生态保护、产业环境准入及退出等工作机制，可以制定《长株潭城市群环境保护管理条例》。

根据目前生态补偿实践、湘江流域的水环境容量，湘江流域污染防治投入和上下游的社会经济发展状况，制定《湘江流域生态资源补偿机制》，对生态补偿责任主体、标准、方式、途径等进行规范。

为从根本上扭转违法排污成本低的现象，必须合理确定排污费征收标准，可以制定《长株潭城市群排污收费办法》。应科学研究、比较排污与治污的成本，并量化污染物造成的社会损害成本。对于排放重金属、危险废物等对环境破坏程度高的污染，应给予较高的征收标准。排污费征收可借鉴湖北等省经验，由环保部门核定、地税部门征收的方法，提高排污费的征收力度。通过排污者支付与污染行为相应的价格，把污染者的外部性成本内在化，从而达到控制污染物排放量，以实现环境容量资源的合理配置和环境质量改善的目的。

长株潭重污染行业比较多，发生环境污染事故的概率高，一旦发生环境污染事故，尤其是较严重的污染事故，除了造成不良的环境影响外，也往往导致企业破产；有些企业通过破产逃债等行为逃避环保责任。这就需要将保险制度纳入环境环保行为中，可制定《长株潭城市群环境污染责任保险制度》，在长株潭试行环境污染责任保险制度，由高风险、高污染的企业交纳环境污染责任保险费，在降低环境影响的同时为企业化解环境风险。

作为国家首批两型社会建设的试验区，长株潭两型社会的建设必须以发展循环经济、低碳经济为基础条件，未来可制定《长株潭循环经济发展促进办法》，通过发展循环经济，构建生态型农业体系、资源循环型工业体系、环境友好型第三产业体系、绿色消费体系。

清洁生产作为一种污染物源头控制办法，在减少污染物排放的同时提高企业经济效益，是实现可持续发展的根本途径。两型社会的建设，应大力推广清洁生产。为此可以制定《长株潭城市群清洁生产审核办法》，强制污染物超标企业进行清洁生产审核。

为了让社会共同监督重污染行业的污染和环保情况，需要制定《长株潭城市群企业环境信息报告制度》，要求冶炼、化工、建材、火力发电等重污染企业，每年向社会公布污染物排放状况、污染治理情况、环境守法行为、存在的环境问题、环境污染可能导致的损失、下年度环保工作目标等内容。

7.2.4　灵活运用经济调控手段

未来一段时间是长株潭环境保护的重要时期，投资需求量大。只有建立基于市场的多种投融资渠道，形成政府、社会和个人共同负担环境保护费用的格局，才能满足环境保护的需要。

(1) 建立多元化的融资形式

发挥环境财政的主渠道作用，继续加大国债资金和中央预算内投资用于环保的投入力度，并重点解决跨行政区的水域污染治理问题，从水域尺度统筹资金使用。在加大政府对环保财政投资的基础上，进一步建立区域水环境保护专项基金、从事环境保护的企业优先上市发行股票，以及企业的股份合作等形式，实现多元化的环保融资机制，使政府投资和社会融资相互结合、互为补充，扩大环境保护的资金来源，解决目前环保资金紧张，投入不足的问题。

(2) 形成多元化的投资主体

各级政府要把环保投入作为公共财政支出的重点。除环保专项资金外，各级财政安排的环保治理等经费要逐年增加，并纳入同级财政预算。同时，各相关部门要积极争取国债和其他资金用于环境保护。企业要按照"谁污染、谁治理"的原则，加大环保资金投入。落实工业污染治理的主体责任，以推进污水处理、垃圾处理产业市场化为突破口，加快环保投融资体制改革，积极吸引国内外政府贷款、国际金融组织和社会资本投入环境保护事业，形成政府主导、市场推进、多元投入的格局。多元化、社会化环保投融资体制的建立，将改变目前政府作为环保主要投资主体的局面，为国内外的企业及个人、金融机构、投资公司、政府等提供良好的投资环境和巨大的投资市场。

(3) 形成多样化的投资方式

在多元化、社会化的环保投融资体制下，为各类环保投资主体创造了多样化的投资方式和服务方式，不同的投资主体可以根据自己的经济能力和技术能力，选择直接的投资方式或间接的投资方式，也可选择两者相结合的投资方式参与环保投资。这样有利于环保企业充分发挥自身的优势。

(4) 环境基础设施建设与运营市场化

提高污水处理费。按照"谁污染、谁付费"、"谁使用、谁补偿"的原则，将污水处理费的征收标准逐步提高到保本微利水平，实行市场化运作，解决污水处理运营和设施建设资金不足的问题，使污水处理向产业化发展。

通过"政府搭台、企业唱戏"，进一步加强企业与银行间的联系，扩大省内和省外的投资。

鼓励在环境基础设施建设和运营过程中利用 BOT、TOT 等融资形式和其他特许权经营形式吸引投资；降低业主利用外资建设环保项目的自有资本金比例；允许效益高、资信好的企业借用部分银行贷款作为引进外资的配套资金；对投资于先进环保设备制造、技术开发、环保信息服务、重大生态环境工程的外商予以减免税优惠；鼓励外商运用股权投资形式参与环保企业所有权或股权的转让和并购等。

（5）加强环境资金的监管

随着环境保护工作的深入开展，政府必将加大对环境治理和环境管理能力建设的资金投入，为提高资金的使用效益，必须加强对资金的管理。建议对项目资金管理实行"三专一封闭"，即专户储存，专门建账，专人管理，封闭运行。加强资金使用的追踪检查和审计监督工作，严格财务制度，保证建设资金正常运转，发挥效益。

（6）建立绿色税收政策

取消或降低"两高一资"（高能源、高污染、资源性）产品出口退税。对采用清洁生产工艺、清洁能源、综合回收利用"三废"资源的企业，在增值税方面给予优惠。对按期完成重点污染源治理、达到排污总量控制要求的企业退还增值税。老工业企业用于购买污染治理设备的价款，部分抵扣当年企业所得税。

7.2.5　加强环境管理能力建设

（1）提升和加强环保部门的地位与能力

经验证明，许多地区经济快速增长过程中出现的资源环境问题，其根源就在于经济与资源环境并没有实现协调发展。长株潭区域有些城镇过于注重经济的增长，而忽视了资源环境问题。从体制角度来看，就是目前的环境管理体制不能适应当前经济和社会的高速发展，环保部门没有协调其他综合经济部门和资源管理部门的地位及能力，环保部门监督管理和协调能力薄弱。目前环保部门在政府决策层面并没有很强的影响力，原因在于没有环保部门参与经济发展决策的明确法律保障和机构设置。

因此，建议各县（区）政府赋予环保部门相应的协调和管理的能力，同时增强其能力，特别是参与综合经济发展决策的能力和执法监督的能力，以提升和加强环保部门的地位，从而更好地协调经济发展和资源环境之间的关系。

（2）解决乡镇环境管理机构人员不足、能力欠缺问题

为加强城镇（乡）的基层环境保护管理，建议在乡镇层次上设立独立建制的环保管理机构，该环保管理机构应该作为其所在县（区）的派出机构，受上一级环保部门的垂直领导，形成乡镇、区县与市三级环境管理联动管理体系，以避免地方行政干预和地方保护主义。加强乡镇级环保机构的环境管理职能，赋予乡镇一级环保管理部门执法权，以加强最基层环保部门的环境执法能力，同时保证建立的乡镇环保管理机构的人员编制需求和经费需求。乡镇环保管理机构的人员编制应该按照所管辖地区的实际人口数、经济总量、企业个数、污染负荷等进行配备。

（3）完善环境监测、信息及预警体系

长株潭区域市级和县（区）级环境监测部门应接国家环境监测站能力建设标准，配全市和县两级环境监测仪器设备，进一步提高全市环境监测能力。扩大环境监测人员的队伍，调整其结构，提高监测人员的待遇，以满足繁重的环境监测工作对人力资源的需要。同时，加大培养力度，引进中、高级职称监测人员。监测站的经费全部纳入同级财政年度经费预算，使监测工作正常、有序地开展。增强监测设备仪器的自动化水平，适当引进和补充气相色谱仪、液相色谱仪和色质联用仪等大型仪器以及相关配套设施，在地表水水质监测（尤其是湘江及一级支流）及污染源"三废"监测业务中，除了监测无机污染物外，还需加大危害更大、日益增多的有毒有害的有机物污染监测。

环境信息能力被认为是环境管理能力中最薄弱的环节。建议配备环境信息专业技术人员，建立独立环保网站，积极开展环保信息的发布，同时建立环境信息资源共享平台。

加强环境事故风险防范能力，避免或防止环境污染，加强环境应急能力建设，建立环境预警体系。环境应急和预警体系可首先在饮用水源保护区实行。可以通过饮用水源风险源的识别，制定不同风险源的应急处理处置方案，形成应对突发事故应急处理处置能力。饮用水源应急能力建设的主要内容包括：建设饮用水水源地应急系统，保障系统有效运行；提高饮用水水源地应急能力；制定饮用水水源地应急预案。建设的内容设置以近期为重点建设期，中、远期不断更新和完善。成立环境应急指挥机构，建立完善饮用水源环境污染突发事件处置技术、物资和人员保障系统。

7.2.6　建立生态补偿制度

《国务院关于落实科学发展观加强环境保护的决定》要求："要完善生态补偿政策，尽快建立生态补偿机制。中央和地方财政转移支付应考虑生态补偿因素，国家和地方可分别开展生态补偿试点。"国家《节能减排综合性工作方案》也明确要求改进和完善资源开发生态补偿机制，开展跨流域生态补偿试点工作。为推动建立生态补偿机制，环境保护局将在四个领域开展生态补偿试点：自然保护区的生态补偿、重要生态功能区的生态补偿、矿产资源开发的生态补偿、流域水环境保护的生态补偿。鉴于生态补偿牵涉面广、矛盾复杂，目前尚未出台相应的规范性文件，但补偿的需要又特别迫切，建议长株潭区域可以开展试点工作，探索建立生态补偿标准体系，以及生态补偿的资金来源、补偿渠道、补偿方式和保障体系。

7.2.6.1　流域水环境生态补偿

建立湘江流域生态补偿机制，实施中央及下游受益区对流域上游地区的补偿机制，理顺流域上下游间的生态关系和利益关系，加快上游地区经济社会发展并有效保护流域上游的生态环境，促进全流域的社会经济可持续发展。

湘江流域水生态环境保护中存在一定的环境外部性问题，表现在保护成本与保护效益分配的不对称，在一定程度上影响了湘江水环境保护的积极性与效果。如何协调和平衡全流域各利益相关方，在公平的基础上，最大限度地集结流域水环境保护力量？这一问题的答案便是建立湘江生态补偿机制。

长株潭区域实现流域水环境生态补偿具有以下优势。

(1) 区域合作优势

长株潭社会经济一体化发展不仅为流域治理的协调控制提供了便利的条件，而且可以将协作模式运用到补偿机制的构建中来。长株潭城市圈作为全国"两型社会"试点，中央政府加大对该地区的财政支持；长沙作为省会城市、株洲和湘潭作为重工业城市，三地都有相对较强的经济实力；另外，湖南筹备投入数量可观的资金对湘江污染进行整治，为流域生态补偿机制的建立提供了充足的资金支持。

（2）资金优势

根据出入境水质状况确定横向补偿标准；搭建有助于建立流域生态补偿机制的政府管理平台，推动建立流域生态保护共建共享机制；加强与有关各方协调，推动建立促进跨行政区的流域水环境保护的专项资金。

（3）相关法规的保障

《湘江流域生态补偿（水质水量奖罚）暂行办法》已于 2014 年年底出台。生态补偿将按照"谁开发、谁保护，谁破坏、谁恢复，谁受益、谁补偿，谁污染、谁付费"的原则，由一方承担污染治理与生态恢复的责任，对另一方实行污染治理与生态恢复补偿。目前，长沙正在积极建立系列环境资源补偿机制，如浏阳河、捞刀河、沩水河、靳江河等跨县域河流将进行跨境河流生态补偿试点。同时，将在岳麓区开展湿地、绿地、林地生态环境资源补偿试点，在岳麓区及高新区开展扬尘污染大气环境资源补偿试点，这些都将为流域生态补偿的实施提供良好的基础。

（4）参与主体众多的优势

湘江流域的生态补偿建立引起了省政府高层、湘江治理相关部门和专家学者的高度重视，专家的研究为补偿机制的建立提供理论基础和科学指导。同时，居民拥有较为浓厚的环保意识，为补偿机制的建立承担相应的责任，发挥积极作用；另一方面，居民成为监督的主体，监督与执行相配合，从而保证环保政策与措施的落实。

为此，应从以下方面进一步完善流域生态补偿机制。

一是根据长株潭三地不同的发展特点，因地制宜、因时制宜，确定相应的补偿主体，制定相应的补偿标准、手段、方式。补偿标准应公平、合理，综合权衡各方利弊；补偿的主体和手段要多样化，以政府为主导、市场为主体，积极引入民间资本。责任主体由各地方政府和排污企业共同承担。生态补偿标准通过考核化学需氧量、氨氮、石油类、镉、砷等因子，以排污总量为依据，按照治污成本确定，并以人均 GDP、GDP 能耗、人口等因素作为参考系数调整，以此计算生态补偿金。通过设立专项资金或各地市生态补偿与污染赔偿金等方式收缴和管理。

二是发挥政府的支持和市场引导作用。政府要通过财政资金支持、税收政策优惠、技术和政策支撑等多重方式提供支持。作为参与主体的企业必须认识到补偿制度建立的重要性，自发地、积极地配合机制的建立与实施；转换企业管理体制，充分利用现有资源，提供生产效率；重视企业技术改造，减少污染排放量，发展高科技产业和循环经济。

7.2.6.2 自然保护区的生态补偿

建立自然保护区是进行生物多样性保护和生态服务功能恢复的最重要措施之一，而生态补偿机制在自然保护区建设中发挥重要作用。国家在 1998 年设立森林生态效益补偿基金之后，2001 年在 24 个国家级自然保护区进行了森林生态效益补助资金的试点，为中国各种类型的自然保护区建立生态补偿机制提供了样板。一些保护区通过发展生态旅游等增加收入的做法事实上也起到了生态补偿的作用。

长株潭区域自然保护区的生态补偿可从以下方面建立生态补偿机制。

其一，根据具体情况制定相应的《自然保护区生态补偿实施办法》或条例等规章制度，对保护区内的管理、资源开发、补偿资金的管理等进行统一规定。

其二，明确生态补偿的收支方，采用"谁利用谁补偿"、"谁破坏谁恢复"、"谁保护谁受益"的政策，对享受和使用生态服务者收取补偿费用，而对保护者和牺牲者支付补偿费用。生态补偿费的收取和发放应当在科学论证的基础上平衡各方的利益，补偿标准的确定应当综合考虑关键的生态系统服务价值、保护成本及因保护而造成的损失等因素，补偿的方式应具有可操作性，刚性和柔性相结合。

其三，设立生态补偿专项基金，由保护区管理部门统一管理支付，专款专用。同时建立明确的处罚机制，对破坏生态环境者施以惩罚。

其四，因地制宜制定生态补偿方式，可以是资金补偿，也可以是政策优惠、税收减免、生态产品认证等方式。补偿资金的来源可考虑下面 4 种方式：①对具有重要国际意义的保护区，应当充分利用来自国际组织的支持；②设立自然保护区生态补偿专项基金，依靠社会力量筹措资金，向生态保护的获益部门与地区以及对保护区产生破坏者征收补偿费用；③国家财政转移支付；④以项目形式补偿，如天然林保护工程、退耕还林还草工程、生态移民工程等。

其五，开展自然保护区生态补偿的试点，积极探索适合本区域的补偿方式和途径。

7.2.6.3　矿产开发区的生态补偿

矿产资源开发导致生态环境破坏。对矿产资源开发的生态补偿问题，个别地方以收费或押金制度简单替代生态补偿机制，免除了开发者治理和恢复生态环境的责任。长株潭地区是重要的矿区，针对矿产资源开发造成的严重生态环境问题，开征生态补偿费，或在现有资源补偿费的基础上增加生态补偿费是非常必要的。从 2006 年开始，全国各地根据国家财政部、国土资源部、原环境保护总局发布的《关于逐步建立矿山环境治理和生态恢复责任机制的指导意见》文件要求，先后建立起矿山环境治理和生态恢复责任机制。湖南省率先在全国实施矿山环境恢复治理保证金（备用金）制度，为长株潭地区推行这一制度提供了很好的借鉴经验。

长株潭矿产开发区的生态补偿可以从以下几个方面做起。

第一，改革矿产资源税费政策，建立矿山环境治理和生态恢复政府投入机制。进一步把矿产资源税的征收对象扩大到所有的矿产资源，改革征收办法，增加矿产资源税收水平，提高矿产资源税在地方财政收入中的比重。逐步提高矿产资源补偿费征收标准，创新矿产资源及产品价格形成机制，使之真实体现矿产资源开发过程中产生的生态环境损失。调整矿产资源税费使用方向，大幅度提高矿产资源税费中用于矿山环境治理和生态修复工程支出比例。坚持"专款专用，专款定向专用"的原则，规定各部门收费中用于矿山环境治理和生态修复资金开支比例。应该建立合理的相对独立的矿产资源生态环境税费体系，打破生态税费矿产资源税费体系的混合，根本上解决矿业开发中的生态保护问题。

第二，运用市场和社会参与机制，拓宽矿产资源生态补偿资金多元化渠道。积极探索建立由企业、地方和中央共同负担的矿山环境治理和生态恢复政府专项基金制度。要区别老矿山与新矿山，采取不同的筹资方式，老矿山历史遗留的土地复垦、环境治理等问题应以国家投资为主的基金和预算制度加以解决。创建公司化运行机制，成立独立的专业矿山环境治理与生态恢复投资公司，由公司具体承担资金筹措、运行和治理项目管理。探索多元化市场融资机制，探索矿山治理项目的资源化和市场化途径，建立煤矿区复垦和高效益复垦同步销售机制。

7.3　长沙城区生态保护与管理对策建议

长沙重点城区的生态环境问题与长株潭城市群相比，既有共性，也有自身特殊的表征。与长株潭城市群相比，长沙市区的城市化水平更高，由城市化带来的生态环境问题更突出，生态环境胁迫压力更大。解决或缓解长沙市区生态环境问题应该从技术的、工程的、经济的、政策的、管理的、宣传的各方面着手。主要的生态保护与管理对策建议包括以下几个方面。

7.3.1　加强生态建设，改善城市生态环境质量

城市生态系统是人工生态系统，与自然和半自然生态系统相比，其生物多样性较少，变动较剧烈和频繁，稳定性较弱，极易受到人为因素的破坏，因此更需要加强维护和保育。随着人们生活水平的提高，对生态环境质量的诉求越来越强烈，良好的生态环境质量已成为考量一个城市是否宜居的重要指标。由于缺乏动物，城市生态系统的维护主要靠城市绿地、森林公园和外围的公益林等植物，因此，城市生态系统的维护和质量的改善主要从城市绿化和碳汇的建设着手。

（1）城市增绿

在建成区内，公共绿地主要包括公园绿地和街头绿地，此外还包括一些居住区绿地。对于土地城市化水平较高的长沙市区来说，绿地布局宜采用带状和块团状相结合的混合布局结构，带状绿地主要由高速公路、区内道路、绿化防护带组成，块状绿地主要由滨河开放空间、小公园、道路交叉口节点和绿化游憩地组成。在绿化建设过程中，既要见缝插绿，更要连斑片，充分利用街头巷尾设置花坛，沿街种植行道树，提高绿化覆盖率和植物的合理搭配程度。同时，强化绿化的立体化配置，鼓励家庭种植花草，垂直绿化、屋顶绿化，形成多层次的三维空间绿化。街头绿地的设置主要结合生活性主干道、河湖及公共服务集中地区，以分布均匀、方便使用到达为原则，面积大的可作为片区的综合性游憩小公园或布置一些主体性设施，面积小的作为街头绿地，以绿化为主。

居住区绿地系统的布局最重要的手法是"点、线、面"结合，以保持绿化空间的连续性。宅间绿地和组团绿地是"点"，沿区内主要道路的绿化带是"线"，小区小游园和居住区公园是"面"。点是基础，面是中心。在布置居住区绿化时应充分考虑各组成部分的有机结合，使居住区绿地充分发挥各项功能，创造宜人的绿化环境。

（2）城市碳汇的建设

城市碳汇主要是城市森林公园和城乡结合带的林带，以生态公益林为主。长沙市区的生态公益林应以自然保护小区、森林公园为重点，以江河流域生态公益林、城市环境风景林及绿色通道为主体，注重森林多种生态功能的开发和利用，科学合理地调整全区生态公益林的结构和布局，建成带、片、面相结合，呈网络分布的生态公益林体系。

7.3.2 污染治理和环境保护

环境污染是目前城市面临的巨大挑战之一。由前面的分析可知，虽然长沙市区在环境治理和质量改善方面做了较多工作，取得一定的成效，但环境质量不容乐观；单位 GDP 污染物排放量和资源消耗量有所下降，但快速的经济增长水平导致排放总量和消耗总量依然呈现较快的增长趋势，社会经济发展对环境的压力依然较大。因此，需要继续开展污染治理和环境保护工作。

（1）水污染控制

加大监督和执法力度，要求城区内所有企业实现稳定达标排放。应按国家《水污染排放限值标准》的一级排放标准对现状超标排放的企业进行排污量削减。按照总量控制指标的要求，尽快推进污水处理厂及其配套管网的建设。通过政府引导企业内部建设具有污水处理能力的配套设施，或者修建小型的生活污水处理系统来应对污染物削减任务。

开展污染河涌综合整治。采用生态的、工程的措施对河道环境进行综合整治，一般可以分为河道内治理、河道外治理及生态护岸三大类。利用一些河道滩地或台地等设计建设人工湿地或半人工湿地进行城市面源污染治理，在进一步净化生活污水的同时，将进入河道的面源污染也进行相应的削减。

（2）大气污染治理

应通过对电厂和工业锅炉改烧低硫优质煤或安装脱硫设施、降低工艺原料的含硫量、降低油品的含硫量、提高油品的品质等措施，重点控制电厂、工业锅炉、工艺过程及柴油车等污染源，减少二氧化硫的排放，使长沙各区二氧化硫排放量控制在目标之内，二氧化硫年日均浓度达到国家空气质量二级标准的要求。

大气颗粒物控制的技术包括电厂、工业锅炉、水泥厂、建材工业和餐饮排放安装和使用除尘设施、淘汰高污染车，禁止城区周边秸秆燃烧，加强建筑和城镇施工工地的管理，防治扬尘。长沙市区服务业发达、居民密度大，由居民生活和服务业产生的颗粒物排放较多，因此，改善城区居民生活燃料使用方式，如逐步淘汰小煤炉，加快推进全区范围使用天然气等清洁能源，可能是减少颗粒物污染的有效途径。

对于氮氧化物排放的控制措施，应主要通过技术措施实现，如采用安装低氮燃烧器、烟气脱硝技术、先进的再燃技术等减少工业氮氧化物的排放。对于汽车尾气污染物则要：一靠法规，加强监督管理；二靠技术进步，改进汽车发动机和性能，减少大气污染物排放量。

（3）噪声污染控制

合理的功能布局是控制城市噪声污染的根本途径，在长沙市区仍有一些"城中厂"，今后应逐步使这些"城中厂"搬离市区或进行生态改造。改变现在大量混合区存在的局面，工业区、交通干线与居民区文教区之间应设有一定距离的防护隔离带，并逐步从功能定位上消除一楼商铺、二楼居住的格局。同时，要强化城镇规模和人口密度的控制。人口密度增加，则势必带来生活噪声、建筑噪声、商业噪声和交通噪声的提高，因此在城乡建设规划中应考虑控制人口和用地规模，合理安排功能区和建设布局。

交通噪声目前越来越成为城市要解决的重要污染源之一，需要处理好交通发展与环境保护的关系，有效预防交通噪声污染。合理规划铁路两侧布局，控制两侧用地，对于交通干道两侧的敏感建筑物，应视其具体情况设置隔声屏障、隔声窗或采取其他噪声污染防止措施；穿越或靠近城市居民区、文教区的市政道路及交通干线的路面，应尽可能铺设低噪路面。对工矿企业、商业经营场所、建筑施工场地等单位的噪声监控，设定噪声敏感区的行业准入标准。

（4）固废资源化和有效处置

当前，中国的许多城市都面临着"垃圾围城"的困境，固体废物的资源化和有效处置成为城市管理者的必然选择。对于人口密度高、经济体量大的城市来说，固废污染控制的有效途径是建设资源循环型社会，按照"减量化、资源化、无害化"原则，加强清洁生产审核，从源头控制固体废物的产生量，建立生活垃圾、工业固体废物及特种废旧物资回收利用系统，规范和强化危险废物管理，提高社会再生资源利用率，加强固体废物处理处置能力。

对于生活垃圾应从源头上减量化，可采取如下措施：①推行净菜进城、净菜上市，减少蔬菜类垃圾产生量；②逐步采用厨房垃圾破碎机，减少厨房残余垃圾产生量；③推广易降解塑料制品和多次循环使用的包装袋，限制过度包装，建立消费品包装回收体系，减少一次性消费品产生的垃圾；④实行超垃圾量增收费用制，以抑制垃圾过量排放。特别是对饮食、商业垃圾过量排放加强收费管理。推进垃圾分类，实行卫生填埋，妥善处理垃圾渗漏液，提高生活垃圾无害化处理水平。

对于工业及医疗危废污染防治，首先要完善和规范危险废物的各项管理制度，加大危险废物宣传和执法力度，推行清洁生产工艺和清洁生产方法，做好危险废物的回收利用和妥善处置，防止危险废物危害的发生。对于医疗废物处理处置，还应充分发挥各个职能部门的作用，建立完善医疗废物管理体系，将医疗废物从产生到最终处置的各个环节纳入整个管理体系，推行全过程管理。加强对以医疗单位为主体的废物的源头控制，减少废物产生量。

7.3.3 优化产业布局，发展循环经济

（1）传统产业的生态化

应按照能量多级利用与物质循环再生原理和资源之间链索相互制约的原理，极大地发挥长沙市区工业资源优势，积极鼓励工业企业推行清洁生产和实施循环经济，把原料和其他辅助材料的利用率提高到最大限度，将废弃物的排放量降低到最小限度，以解决工业污染和二次资源的浪费问题。坚持清洁生产审核与重点耗能企业节能监管、污染物达标排放及总量控制、清洁循环经济试点工作、各类园区的规划建设、产业结构调整和科学技术进步相结合，并坚持分类指导，对清洁生产企业实行分类分级管理。应依托技术支持单位，根据区域资源环境特征、产业结构及其排污特征，进行产业结构调整与产业布局优化，构建生态与经济相协调的生态经济效益型工业发展模式，即生态与经济相协调的、可持续性的生态工业体系。

（2）基于资源环境友好的工业结构调整

按照生态工业发展的原则，对于高新技术产业要加速、优先发展，对资源、污染负荷小的行业、附加值高的行业则需加快发展速度，大力抓好新产品的研发，扩大产业规模，延伸产业链，不断提高产品的市场占有率。对于目前资源消耗高、污染较严重但具有发展潜力的行业，在扩大规模的同时要把着力点放在产业链与产业集群的构建上，走循环经济的发展道路，使企业向专业化与社会化发展，通过机制创新使一批相关企业从彼此竞争的关系转变为上下游配套的伙伴关系；通过优化产业布局招商引资，可以促进产业的聚集，有助于形成产业的配套能力，促进产业的集群发展，延伸产业链。对于高能耗、高污染的夕阳产业，应利用严格的环境准入门槛将其拒之门外，同时，加强对此类企业的环境监管，适度推行强制清洁生产。

（3）强化企业的清洁生产

通过加快结构调整和技术进步，引导企业开展清洁生产审核，力争使清洁生产达到国内平均水平，进一步加强清洁生产组织管理、生产标准、科技支撑、宣传培训、保障激励机制等方面建设，积极鼓励重点企业和工业园进行清洁生产试点，以点带动面，推进清洁生产从试点阶段向普及阶段转变，从工业领域向社会多领域转变，从企业层面向行业园区层面转变，推动清洁生产在全社会的广泛实施。

7.3.4 建立政策与机制保障体系

（1）完善环境与发展综合决策制度

各级政府引进的重大项目和对环境有影响的项目将按照规划的要求布局建设和环评审批，严格执行环境保护一票否决权，确保建设项目的"三同时"，保证环保部门对资源开发活动的全过程监督和管理。

（2）建立目标责任制，理顺管理体制

按照"党委领导、政府负责、人大监督、环保部门统一监管、有关部门分工合作、企

业治理、群众参与"的运行管理机制，建立和完善生态环境保护与建设责任制，把各级政府对本辖区生态环境质量负责、各有关部门对本行业和本系统生态环境建设与保护负责的责任制度落实到实处；完善落实绿色考核体系，将环境保护和资源损失所涉及的主要指标纳入到干部考核体系中，实行严格的政绩考核。

（3）加强环境法制，严格责任追究

对拒不执行环境保护法律、法规、国家产业政策，以及人民政府环境保护决定、命令，制订与环境保护相违背的"土政策"的，对环境监管失职、违法违规审批、自然保护区违规开发、环境执法过程程序违法违规的，造成环境质量明显恶化、生态破坏严重、人民群众利益受到侵害等严重后果的，依法追究有关领导和部门及有关人员的责任。创新环境执法机制，实施环境保护综合行政执法。

7.3.5 加强资金支撑力度

（1）拓宽融资渠道

各级政府在加大资金投入的同时，应通过积极的政策引导和优惠措施推进社会多元主体投资环境污染治理、环境保护和生态建设。严格规范排污费征收制度，提高污水和垃圾处理费标准，实行危险废物安全处理收费制度，对污水和固体废物处理设施建设及运行给予用地和用电上的优惠；在农业综合开发、农田水利建设、以资金、国债资金等项目资金中切块安排用于生态农业等生态保护项目建设。

（2）加大公共财政支持力度

增加预算内资金。在长沙市区财政支出预算科目中建立环境保护财政支出预算科目，逐步提高政府财政对环境保护的支出。

规范使用预算外资金。为了对环保资金进行合理地监督管理，要规范预算外资金的使用，使预算外资金逐步转换为预算内资金或者环保专项资金，以便于规范管理。

合理利用环保专项资金。环境保护专项资金必须坚持"量入为出"和"专款专用"的原则。该资金由长沙市区各区的环保局进行统一协调，财政部门进行监督，主要用于支持某些"大"、"重"、"急"的环境保护项目，以及重大环境建设项目和示范工程等。

（3）环境基础设施建设与运营市场化

提高污水处理费。按照"谁污染、谁付费"、"谁使用、谁补偿"的原则，将污水处理费的征收标准逐步提高到保本微利水平，实行市场化运作，解决污水处理运营和设施建设资金不足的问题，使污水处理向产业化发展。

通过"政府搭台、企业唱戏"，进一步加强企业与银行间的联系，扩大省内和省外的投资。鼓励在环境基础设施建设和运营过程中利用 BOT、BOO、TOT 等融资形式和其他特许权经营形式吸引投资；对投资于先进环保设备制造、技术开发、环保信息服务、重大生态环境工程的外商予以减免税优惠；允许效益高、资信好的企业借用部分银行贷款作为引进外资的配套资金。

（4）加强环境资金的监管

随着生态治理和环境保护力度加大，政府必将加大对环境治理和环境管理能力建设的资金投入，为提高资金的使用效益，必须加强对资金的管理。建议对项目资金管理实行"三专一封闭"，即专户储存，专门建账，专人管理，封闭运行。加强资金使用的追踪检查和审计监督工作，严格财务制度，保证建设资金正常运转、发挥效益。

7.3.6　强化科技支撑的作用

首先应加大政府对环境科技的投入，建立多元化的科技投入机制，提高环境经费占财政支持的比例。支持研究开发环保与清洁生产等领域关键技术，形成自主技术，提高企业核心竞争力。建立环境科技创新基地和相关实验室，研究开发实用的环境治理技术，为长沙市环境治理和保护提供技术支撑。

加强环境科学研究所建设，提高环境影响评价能力和环境科学基础研究能力，开展生态保护恢复技术的研究以及水环境容量的研究，逐步使环境科学研究所具备承担辖区环境问题的科学研究、工业区开发项目环境影响评价研究、区域性环境规划研究、环境管理及环境经济政策研究、开发推广污染治理新技术等能力。

参 考 文 献

白艳莹，王效科，欧阳志云 . 2003. 苏锡常地区的城市化及其资源环境胁迫作用 . 城市环境与城市生态，16（6）：286-288.

曹喆，张淑娜 . 2002. 天津城市化发展趋向与水资源可持续利用 . 城市环境与城市生态，15（3）：24-26.

陈德超，李香萍，杨吉山，等 . 2002. 上海城市化进程中的河网水系演化 . 城市问题，（5）：31-35.

陈群元，宋玉祥 . 2011. 城市群生态环境的特征与协调管理模式 . 城市问题，（2）：7-10.

陈甬军，陈爱民 . 2002. 中国城市化——实证分析与对策研究 . 厦门：厦门大学出版社 .

陈自新，苏雪痕 . 1998. 北京城市园林绿化生态效益的研究（2）. 中国园林，14（3）：53-56.

戴祥 . 2002. 城市化地区降水径流的水环境效应研究——以南京市为例 . 南京：南京大学硕士学位论文 .

段霞 . 2002. 世界城市的基本格局与发展战略 . 城市问题，（4）：9-11.

顾朝林 . 2000. 经济全球化与中国城市发展 . 北京：商务印书馆：26.

顾朝林，陈璐，丁睿 . 2005. 全球化与重建国家城市体系设想 . 地理科学，25（6）：641-653.

黄金川，方创琳 . 2003. 城市化与生态环境交互耦合机制与规律性分析 . 地理研究，22（2）：211-220.

季崇萍，刘伟东，轩春怡 . 2006. 北京城市化进程对城市热岛的影响研究 . 地球物理学报，49（1）：66-77.

焦文献，陈兴鹏 . 2012. 基于 STIRPAT 模型的甘肃省环境影响——以 1991～2009 年能源消费为例 . 长江流域资源与环境，21（1）：105-110.

李哈滨 . 1988. 景观生态学——生态学领域的新概念构建 . 生态学进展，（3）：149-155.

李桂林，陈杰，孙志英，等 . 2008. 城市化过程对土壤资源影响研究进展 . 中国生态农业学报，16（1）：234-240.

李俊生，高吉喜，张晓岚，等 . 2005. 城市化对生物多样性的影响研究综述 . 生态学杂志，24（8）：953-957.

李伟峰，欧阳志云，王如松，等 . 2005. 城市生态系统景观格局特征及形成机制 . 生态学杂志，24（4）：428-432.

李杨帆，朱晓东，马妍 . 2008. 城市化和全球环境变化与 IHDP. 环境与可持续发展，（6）：42-43.

刘海滨 . 2002. 城市化进程对城市大气环境影响分析——以南京市为例 . 南京：南京大学硕士学位论文 .

刘耀彬，李仁东，宋学锋 . 2005. 中国城市化与生态环境耦合度分析 . 自然资源学报，20（1）：105-112.

苗鸿，王效科，欧阳志云 . 2001. 中国生态环境胁迫过程区划研究 . 生态学报，21（1）：7-13.

任远 . 2000. 以大都市为主导的城市化战略思考 . 现代城市研究，（5）：9-12.

史培军，江源，王静爱，等 . 2004. 土地利用/覆盖变化与生态安全响应机制 . 北京：科学出版社 .

史培军，潘耀忠 . 1999. 深圳市土地利用/覆盖变化与生态环境安全分析 . 自然资源学，14（4）：293-299.

宋治清，王仰麟 . 2004. 城市景观及其格局的生态效应研究进展 . 地理科学进展，23（2）：97-106.

孙颖杰，王姝，邱柳 . 2009. 中国城市化进程及其特征研究 . 沈阳工业大学学报（社会科学版），2（3）：220-224.

唐华俊，陈佑启，Eric Van Banst（比利时）. 2000. 中国土地资源可持续利用的理论与实践 . 北京：中国农业科技出版社 .

陶海燕，黎夏，陈晓翔，等 . 2007. 基于多智能体的地理空间分异现象模拟——以城市居住空间演变为例 . 地理学报，62（6）：579-588.

王峰，廖进中．2009．人口城市化与产业界结构变迁——基于湖南省的实证检验．西北人口，30（2）：1-6，10．

王根绪，张钰，刘桂民，等．2005．马营河流域1967—2000年土地利用变化对河流径流的影响．中国科学（D辑），35（7）：671-681．

王丽娟．2004．兰州城市化中土地利用变化及其生态环境效应．兰州：兰州大学硕士学位论文．

王彦红，韩芸，彭党聪．2006．城市雨水径流水质特性及分析．环境工程，4（3）：84-85．

王玉成，耿延博，王婷，等．2008．城市化对水文要素影响分析．东北水利水电，26（6）：16-17．

夏军，朱一中．2002．水资源安全的度量：水资源承载力的研究与挑战．自然资源学报，17（3）：263-269．

谢志清，杜银，曾燕，等．2007．长江三角洲城市带扩展对区域温度变化的影响．地理学报，62（7）：717-726．

徐军祥，徐品．2003．淄博煤矿闭坑对地下水的污染及控制．煤炭科学技术，31（10）：28-30．

徐祥德．2002．城市化环境大气污染模型动力学问题．应用气象学报，13：1-12．

俞金国，王丽华．2007．大连建成区城市化及其生态环境变化．城市环境与城市生态，20（5）：43-47．

袁艺．2003．深圳地区土地利用变化及其生态响应机制研究．北京：北京师范大学博士学位论文．

岳文泽，徐丽华．2007．城市土地利用类型及格局的热环境效应研究——以上海市中心城区为例．地理科学，27（2）：243-248．

张凤荣．2000．中国土地资源及其可持续利用．北京：中国农业大学出版社．

张浩，王祥荣．2003．上海城市土地利用/覆盖演变对空气环境的潜在影响．复旦学报（自然科学版），42（6）：925-929．

张惠远，饶胜，迟妍妍，等．2006．城市景观格局的大气环境效应研究进展．地球科学进展，21（10）：1025-1032．

张敬淦．2008．中国城市化进程中的资源短缺问题．城市问题，1：5．

张学真．2005．城市化对供水河流水文序列的影响分析．水利经济，（1）：39-41．

赵晶．2004．上海城市土地利用与景观格局的空间演变研究．上海：华东师范大学博士学位论文．

赵庆海，费利群，马兆龙．2008．世界城市发展的未来趋势及对中国的昭示．开发研究，135（2）：52-54．

Anderson J E. 1982. Cubic-spline Urban-density Functions. Urban Economics，12：155-167.

Grimm N B. Faeth S H. Golubiewski N E，et al. 2008. Global change and the ecology of cities. Science，19：756-760.

Gunton T，Fletcher C. An overview：sustainable development and crown land planning. Environments. 1992，21（3）：1-4.

Hathout S. 2002. The use of GIS for monitoring and predicting urban growth in East and West St Paul，Winnipeg，Manitoba，Canada. Journal of Environmental Management，66：229-238.

IHDP. 2005. Science Plan：Urbanization and Global Environmental Change（IHDP Report No. 15）．

IHDP. 2006. Urbanization and Global Environmental Change-An Exciting Research Challenge（IHDP Newsletters 2. 2006）. Bonn：IHDP Secretariat.

IHDP. 2007. The Implications of Global Environmental Change for Human Security in Coastal Urban Areas（IHDP Update Issue 2 September 2007）. Bonn：IHDP Secretariat.

IHDP. 2008. The IHDP Strategic Plan 2007-2015（IHDP Update1. 2008）. Bonn：IHDP Secretariat.

Murakami A, Zain A M, Takeuchi K, et al. 2005. Trends in urbanization and patterns of land use in the Asian Mega cities Jakarta, Bangkok, and Metro Manila. Landscape and Urban Planning, , 70 (314): 251-259.

Newling B E. 1969. The Spatial Variation of Urban Population Densities. Geographical Review, 59: 242-252.

Shen WJ, Wu J G, Grimm N B, et al. 2008. Effects of urbanization-induced environmental changes on ecosystem functioning in the Phoenix Metropolitan Region, USA. Ecosystems, 11: 138-155.

索　引